JN010240

よくわかるRFID

改訂3版

電子タグのすべて

一般社団法人　日本自動認識システム協会［編］

Ohmsha

本書に掲載されている会社名・製品名は，一般に各社の登録商標または商標です．

本書を発行するにあたって，内容に誤りのないようできる限りの注意を払いましたが，本書の内容を適用した結果生じたこと，また，適用できなかった結果について，著者，出版社とも一切の責任を負いませんのでご了承ください．

本書は，「著作権法」によって，著作権等の権利が保護されている著作物です．本書の複製権・翻訳権・上映権・譲渡権・公衆送信権（送信可能化権を含む）は著作権者が保有しています．本書の全部または一部につき，無断で転載，複写複製，電子的装置への入力等をされると，著作権等の権利侵害となる場合があります．また，代行業者等の第三者によるスキャンやデジタル化は，たとえ個人や家庭内での利用であっても著作権法上認められておりませんので，ご注意ください．

本書の無断複写は，著作権法上の制限事項を除き，禁じられています．本書の複写複製を希望される場合は，そのつど事前に下記へ連絡して許諾を得てください．

出版者著作権管理機構
（電話 03-5244-5088，FAX 03-5244-5089，e-mail: info@jcopy.or.jp）

JCOPY ＜出版者著作権管理機構 委託出版物＞

まえがき

一般社団法人 日本自動認識システム協会は，自動認識の重要3分野である「バーコード」「RFID」「生体認証（バイオメトリクス）」について，それぞれ「よくわかる○○」（通称，よくわかシリーズ）を関係者のご協力により発行しております。

RFID分野については，2008年8月に「よくわかるRFID－電子タグのすべて－」として初版が発行されました。しかし，その後，RFID分野における技術革新は著しく，規格や法規といったRFIDを利用するための環境も変化しました。そのような状況に合わせて2014年6月に改訂2版を発行しましたが，その発行から9年が経過し，RFIDを取り巻く環境もその利用範囲の拡大に伴って変化を続けてきています。このたびRFID分野の最新状況を反映して大幅な見直しを行い，本書を改訂3版として発行することといたしました。

ICT（情報通信技術）は，インターネットやデジタル機器がある環境で生まれ育った人を指す「デジタルネイティブ世代」という言葉にも表れているように，いまや国民生活に不可欠の存在になっております。例えば，PC，スマートフォンやタブレット端末などが社会生活のあらゆるところに浸透し，誰でも必要な情報の入手および発信がインターネットなどのネットワーク技術により手軽に可能となり，社会生活そのものを大きく変えてきております。

しかし，いかにICTが発達し，その伝達速度が光の速さになっても，その情報をコンピュータに正しく入力するための自動化が実現しない限り，飛躍的発展はできません。この自動入力手段として，バーコードやRFIDなどのデータキャリアはきわめて大きな役割を担っております。特に期待の大きいRFIDに関しては，それを活用した実証実験が各方面で数多く行われ，製造，流通，物流などの分野において効果的な導入事例が生まれております。

RFIDは，ほかのデータキャリアとは異なり，非接触でデータキャリアを意識せずにデータの読み書きが可能で，またそれらを一括的に行えるという大きな利便性があります。その特徴を活かして，製造や物流などにおいては，作業者への負担を軽減し，入力時間の短縮により効率化を実現しています。また，そのような具体的な活用事例の増加に伴い，各業界でのさらなる利用の拡大が期待されております。最近では，国際的なサプライチェーンマネジメントを実現するためのデータキャリアとして注目され，その環境整備が進められており，オープンな世界での活用展開が期待されております。

このような社会環境に対応して，当協会では，RFIDの普及啓発およびアプリケーションを含めた国際標準化をこれからも一層進めてまいります。

本書により，RFIDに関連した技術，法規，標準化動向および応用事例などについて正しく理解していただければ幸いです。最後に，本書の刊行にあたり執筆の労をいただきました関係者の方々にお礼を申し上げます。

2024年4月

一般社団法人 日本自動認識システム協会
研究開発センター長
森本 恭弘

目　次

第1章　RFIDとは

第2章　RFIDの基礎用語

第3章　RFIDの原理と特徴

第4章 RFタグ

第5章 リーダライタ

第6章 電波法とその他の法規・規格

第7章 使用上の留意点と活用法

第8章 RFID国際標準化の動向

第9章 RFIDアプリケーションの標準化の動向

第10章 RFIDの応用事例

第1章

RFIDとは

1.1 自動認識（AIDC）技術の概要

RFIDは，自動認識技術の一種である。はじめに，自動認識技術について簡単に述べる。

1.1.1　AIDC技術とは

AIDC（Automatic Identification and Data Capture）の日本語表記は，JISでは「自動認識およびデータ取得」と規定されている。AIDC技術とは「人，動物，物，情報などに付加されたデータキャリアの情報または固有の情報（人の特徴，物の特徴など）を，人間を介さずハード，ソフトを含む機器により自動的に取得する技術」である。データキャリアとしては，一次元シンボル，二次元シンボル，RFID，OCR，磁気ストライプカード，外部端子付きICカード，外部端子なしICカードなどがある。

AIDC技術を使用するためには，データキャリアの情報と比較対照される人，物などの情報（データベース）がすでに存在していることが前提条件として必要である。

Automatic Identification and Data Capture techniques
自動認識およびデータ取得技術

自動認識 ─┬─ 人　(ISO/IEC JTC1 SC17，SC37)
　　　　　├─ 動(植)物　(ISO TC23)
　　　　　├─ 物　(ISO/IEC JTC1 SC31)
　　　　　└─ 情報

定義	人，動(植)物，物，情報などに付加されたデータキャリアの情報または固有の情報(人の特徴，物の特徴など)を，人間を介さずハード，ソフトを含む機器により自動的に取得する技術
データキャリア	一次元シンボル，二次元シンボル，RFID，光学的文字(OCR)記号，磁気ストライプカード，外部端子付きICカード，外部端子なしICカード
利用	情報化に連動したデータベース内のデータと「人」「動(植)物」「物」「情報」とを紐付けする手段として活用される

図1.1.1　AIDC技術とは

1.1.2　データキャリアの例

データキャリアには以下のようなものがある。

一次元シンボルは，流通業界で使用されている商品コードや，商品の段ボールに付けられた物流用コードが広く知られている。また，製造業においても，一次元シンボルは広く使用されている。二次元シンボルは，携帯電話やスマートフォンでのURL入力用のQRコードがよく知られている。

産業界では，制御電子基板などに直接印刷（ダイレクトマーキング）されたQRコードがよく使用されている。光学的に文字認識を行うOCRは，段ボール上の日付を読み取る例がある。RFIDは，製造業では古くから使用されてきたが，電池を内蔵しないパッシブ方式の低価格なRFタグが実現し，サプライチェーンマネジメント（SCM）用途で使われている。

図1.1.2　データキャリアの例

1.2　RFID技術の概要

1.2.1　RFIDとは

RFID（Radio Frequency Identification）は，JISでは「種々の変調方式と

符号化方式とを使ってRFタグの固有IDを読取り，RFタグへ又はRFタグから通信するために，スペクトルの無線周波数部分内における電磁的結合又は誘導結合を利用すること」と定義されている。一般社団法人 日本自動認識システム協会（以下，JAISAという）では，さらに次の条件を追加している。

- RFタグが携帯容易な大きさであること
- データを電子回路に記憶すること
- 非接触通信により交信すること

なお，「RFタグ」とは，RFIDにて使用するデータキャリアを指す。

データを記憶し，携帯が容易であっても，磁気カードや端子付きICカードなどは，RFIDには含まれない。本書では，メモリ容量が大きく，高度なセキュリティ機能を有するICカードには言及しない。レンタル店などに設置されている万引き防止用の装置は，商品に取り付けられた共振タグを検出するものである。共振タグは，メモリ回路を有する半導体ではなく，コイルとコンデンサなどからなる共振回路を組み込んだものであり，通常はRFIDに含めない。

1.2.2　RFIDの用語

RFIDに関連する用語は，国際規格ISO/IEC 19762および日本産業規格JIS X 0500に準じた用語を使用すべきである。本書で使用する基本的用語を**表1.2.1**に示す。

表1.2.1　さまざまなRFIDの用語

用語	関連する用語，同義語
RFID	移動体識別装置，リモートID
RFタグ	タグ，電子タグ，タグラベル，電子ラベル，RFIDタグ，ICタグ，無線タグ，無線ICタグ，トランスポンダ，応答器
リーダライタ	インテロゲータ，リーダ・ライタ，リーダ/ライタ，コントローラ，質問器

（注）ISO/IEC 19762　Information technology – Automatic identification and data capture（AIDC）techniques -- Harmonized Vocabulary

1.2.3 代表的なRFタグ

RFIDは，製造業では1980年代後半から使用されており，技術的には新しいものではない。RFタグは，「形状」「機能（メモリタイプ）」「電力供給方式」などから分類できる。形状には，インレット型，ラベル型，カード型，丸型，スティック型などがある。機能には，リードオンリー型，ワンタイムライト型，リードライト型などがあり，これらはメモリの構造が異なる。また，メモリの構造により，記憶容量がだいたい決まっている。

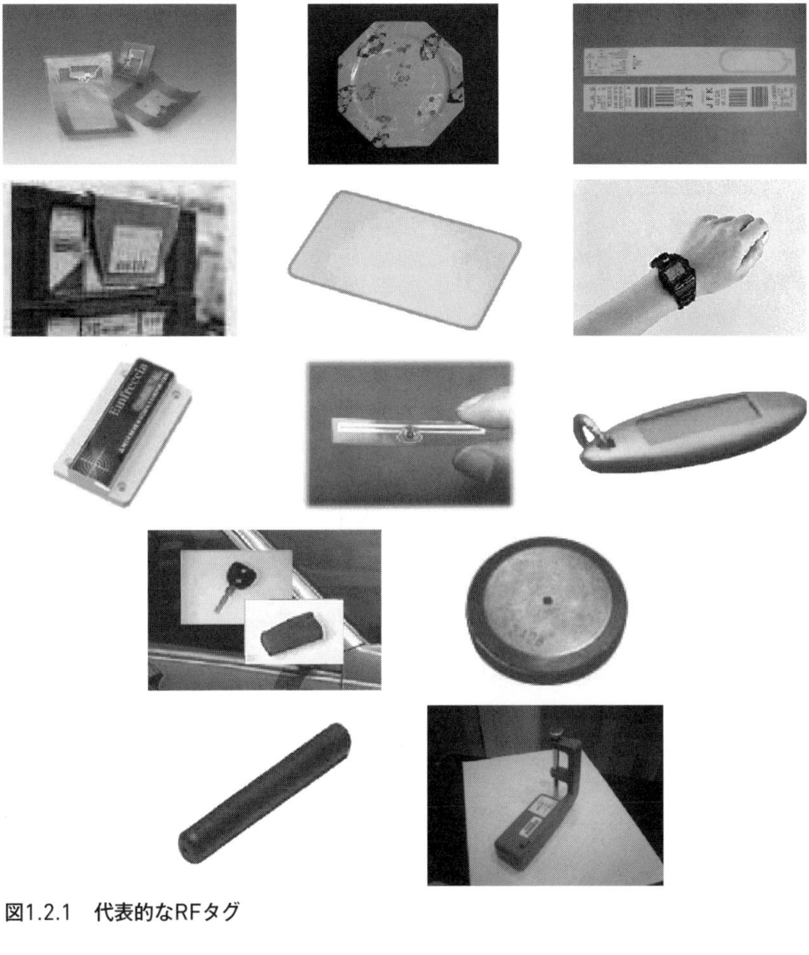

図1.2.1　代表的なRFタグ

電力供給方式には，リーダライタからの電波を電力源として交信する「パッシブ方式」と，内蔵している電池から電力供給して交信する「アクティブ方式」がある。パッシブ方式にも電池を内蔵している「セミパッシブ方式」はあるが，電池を内部メモリのデータ保持やセンサ回路用に使用するのみで，交信には利用していない。

1.2.4　RFIDのシステム構成

RFIDシステムは，RFタグ，RFタグにデータを書き込んだり読み出したりするリーダライタ，これらを制御するコンピュータなどの上位装置から構成される。交信距離は，パッシブ方式ではリーダライタからRFタグへの電力供給距離，アクティブ方式では受信回路の性能によって制限される場合が多い。

RFタグの内部構成は，ICチップとアンテナに大別される。アンテナの大きさは，使用周波数，交信距離によって変わる。一般に，周波数が低いほど，交信距離が長いほどアンテナは大きくなる。ICチップとアンテナを合わせても1mm角より小さいものも存在する。

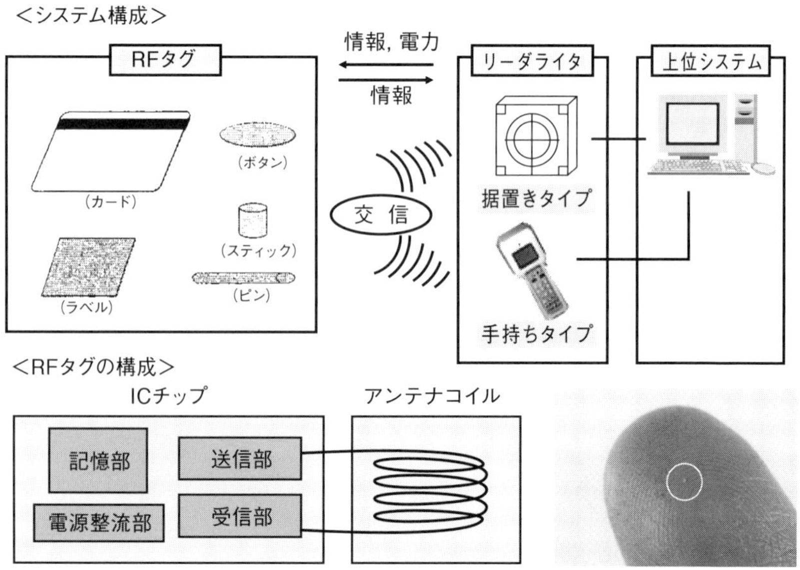

図1.2.2　RFIDのシステム構成

1.2.5 RFタグの方式と特徴

RFIDの特徴として，データ書き込み（追記）機能，透過機能（物質にもよる），複数一括読み取り機能（アンチコリジョン）の3つがあげられる。パッシブ方式でも数メートルの距離で交信でき，ISOなどの国際的な標準化もパッシブ方式を中心に行われた。

RFタグとリーダライタとの交信方式は，**表1.2.2**のように電磁誘導方式と電波方式に大別される。交信周波数が低い（135kHz未満，13.56MHzなど）場合は電磁誘導方式で，交信周波数が高い場合は電波方式となる。電磁誘導方式は誘導電磁界で，電波方式は放射電磁界で交信する。一般的に，交信周波数と交信距離は比例関係にあり，135kHz未満および13.56MHzのRFタグの交信距離は最大で70cm，900MHz帯および2.45GHz帯のRFタグは最大で10m弱である。交信範囲は，交信周波数に逆比例する。すなわち，交信周波数が高くなればなるほど，交信範囲は狭くなる。また，電磁界を使用するので，金属や水の影響を少なからず受けることに注意する必要がある。

表1.2.2　RFタグの方式と特徴

<table>
<tr><th>方式</th><th>特徴</th><th>課題</th></tr>
<tr><td>電磁誘導方式
～135kHz
13.56MHz
（誘導電磁界）</td><td>・雨，氷，塵埃，鉄粉などの影響を受けにくい
・悪環境条件でも使用可
・アンテナの指向性が広い。交信範囲が広い
・非導電体（人体，ガラス，木材など）への浸透性がよい
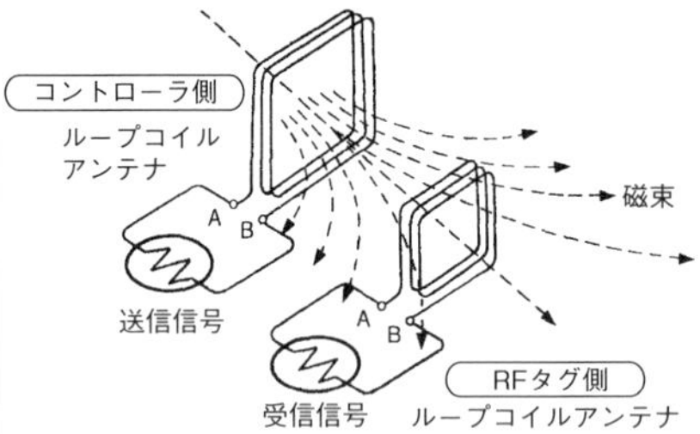
</td><td>・外来ノイズが多く，影響を受けやすい
・金属の影響を受けやすい</td></tr>
<tr><td>電波方式
433MHz
900MHz
2.45GHz
（放射電磁界）</td><td>・交信距離が長い（特に電池ありの場合）
・指向性があり，交信エリアの限定が比較的容易である
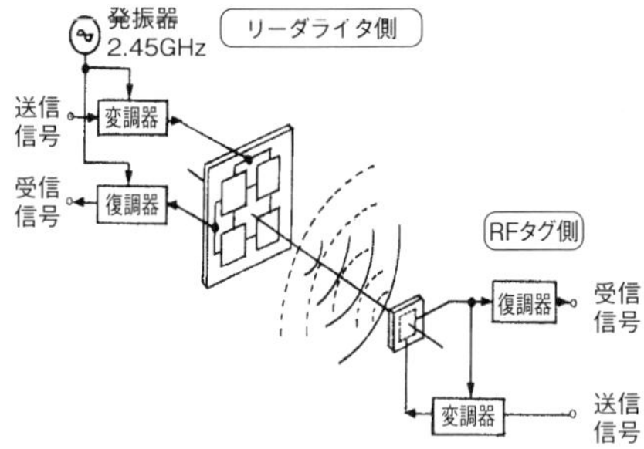
</td><td>・無線LAN，Bluetoothと干渉しやすい（2.45GHz）
・金属による反射および水に吸収される</td></tr>
</table>

1.2.6　データキャリアの比較

Y軸にデータ伝送距離（交信距離），X軸にデータ容量をパラメータとしたデータキャリアの比較を**図1.2.3**に示す。データ容量が大きく，データ伝送距離を大きく取る必要がない（接触させてもよい）用途では，磁気カードやICカードが適している。磁気ストライプを使用する磁気カードに比べ，半導体メモリを内蔵するICカードは，メモリ容量を圧倒的に大きくできるのが特徴である。

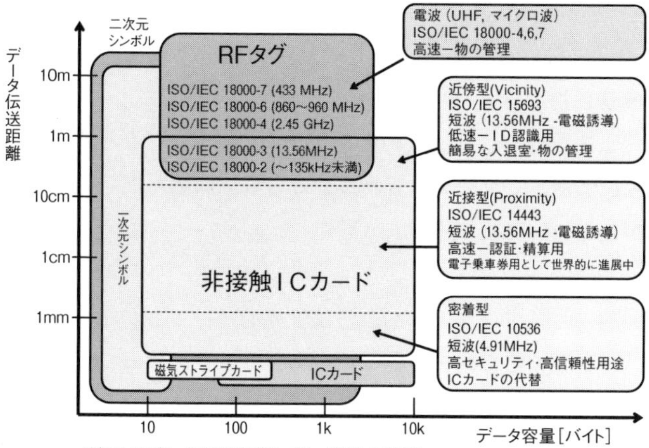

磁気ストライプカード：ISO/IEC 7810，ICカード：ISO/IEC 7816

図1.2.3　データキャリアの比較

一次元シンボルや二次元シンボルの読み取り距離は，過去には数cm程度であったが，現在は数十cmから数十mで実現されている。一次元シンボルのデータ容量は30キャラクタぐらいが限界であり，用途によっては，一次元シンボルを3段，4段と積み重ねたラベルも使用されているが一般的ではない。

データ伝送距離が大きい用途には，RFIDが適している。RFIDの最大の特長は，一次元／二次元シンボルと違って，ラベルを読み取り機でねらい打ちして読み取るという動作が不要で，近づくだけで自動的に読み取れるということである。利用分野（アプリケーション）により，必要なデータ容量はかなり変化し，RFタグもメモリ容量による種類が多くなることが予測される。

1.3　RFIDの市場動向

世界的な市場ニーズとして，2001年にアメリカで起きた「9.11同時多発テロ」に端を発したテロ対策の一環として，商品トレーサビリティを実現するためのSCM（Supply Chain Management）の高度化が注目されている。アメリカ国土安全保障省（DHS：Department of Homeland Security）を中心としたACE

(Automated Commercial Environment) システムの構築や，これに関連したCSI (Container Security Initiative) の活動が活発である。ACEシステムは，貿易関連業務に携わるすべての関係者（行政，輸出入業者，物流，通関など）の間の情報伝達を容易に行うためのシステムであり，CSIとは，互いに税関職員を相手国に派遣し，コンテナ貨物における危険物の早期発見を目的とした協力体制のことである。民間では，ウォルマートなどのGMS (General Merchandise Store) や百貨店，アパレル企業でのRFIDの活用が広がっている。

一方，国内に注目すると，日本企業は世界的に見てもかなり効率化された段階にあり，一企業の枠を超えて効率化を考える時代になってきている。企業の枠，業界の枠，国の枠を超えた全体効率化を目指さない限り，これ以上の効率化は容易に見出せない。多くの企業が目指している世界最適調達，世界最適生産を実現するためには，世界で共通的に利用できる技術や国際標準の開発が不可欠である。例えば，世界レベルで商品を調達する場合，商品を識別するコードの重複や，商品の属性（特性）を表す識別子が不統一であれば，商品を調達することは容易ではない。さらに，受発注は，インターネットなどを利用した電子商取引（EDI）が標準化されていなければ非効率となってしまう。

さらなる効率化のためには，一次元／二次元シンボルの限界を超える新しいデータキャリアであるRFIDに関連した社会インフラの整備が重要であり，RFIDも社会インフラの一つとしてとらえる視点が重要である。例えば，自動車，エレクトロニクス分野では3R（リデュース，リユース，リサイクル），医療分野では薬や投薬量の間違い防止，患者の取り違え防止，手術器具の体内放置防止などによる医療の信頼性保障，農業分野ではO-157，BSE，残留農薬，原産地証明などの食品の安全性保障，運送分野では鉄道や海運を利用した，より省エネルギーなロジスティクスの高度化，輸送品質の確保，共同配送の実現などが課題となっている。

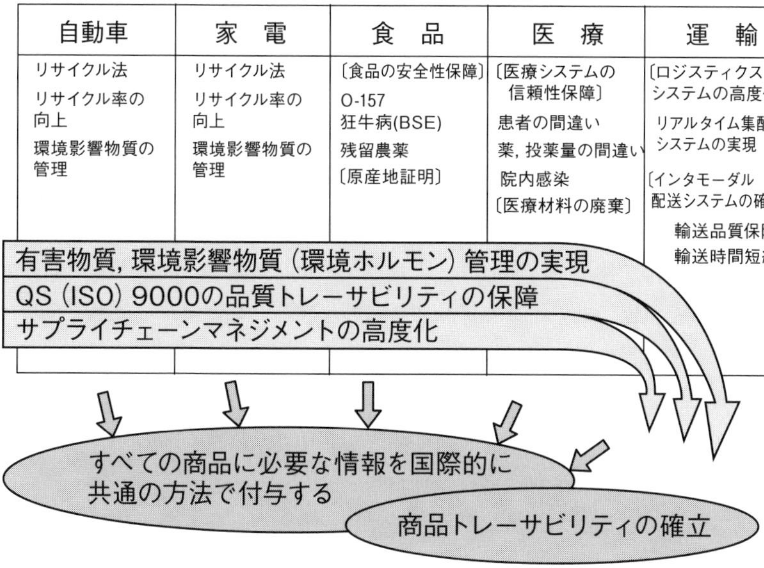

図1.3.1　トレーサビリティの確立

これらは，すべて商品のトレーサビリティの問題であり，これらの問題を解決するためには，トレーサビリティシステムを確立する必要がある。商品をライフサイクル管理という視点でとらえ，企業，業界，国の枠を超えた，地球規模の商品トレーサビリティシステムの確立，言い換えればSCMの高度化が緊急の課題であり，大きな市場ニーズになっている。

1.4　RFIDへの期待

ネットワーク技術を活用し「いつでも，どこでも，何でも，誰でも」ネットワークに簡単につながる「ユビキタスネットワーク社会」が2000年代前半から構想されてきたが，その後のさまざまな技術の進展により，現在では「モノのインターネット（IoT：Internet of Things）」というキーワードで表現されている。

IoTとは，さまざまなものがインターネットに接続され，相互に情報交換する仕組みであり，それによって新たな付加価値やサービスを生み出す。

このIoTの実物系ネットワーク技術として，RFIDが期待されている。IoTの実物系ネットワークの接続（識別）対象としては「人」「動物（植物）」「物品」が考えられる。この場合，RFIDのネットワーク技術はもちろん重要だが，それ以上に，識別対象にコードをどのように与えるかが重要となる。すでに，多くのコード体系が使用されており，これらを無視し，新しいコード体系を導入することは不可能に近い。さらに，グローバル化した社会では，日本でだけ通用するコードを使用しても意味がない。例えば，食品に日本固有のコードを付加しても，食品の60%以上は輸入であり，輸出国との整合性がなければ意味がない。すなわち，地球規模でRFIDのネットワーク技術や識別コードを考える必要があり，国際標準化は避けて通れない。

識別コードの標準化の次は，それらの識別対象が存在する環境条件の自動認識が必要である。環境条件としては，温度，湿度，日射量，雨量，流量などが考えられ，これらを測定するセンサ技術が注目される。センサ内蔵のRFタグは，IoTデバイスとして不可欠な技術であり，今後，大きな市場が期待できる。さらに，識別対象の位置情報も重要な要素である。ただし，識別対象の追跡技術が進めば進むほど，プライバシー，セキュリティ，環境問題への配慮にも留意しなければならない。

RFタグを物品に付けることの主なメリットを次にあげる。第一に，貨物の物理的な移動（出発地点／経由地点／到着地点など）のリアルタイム管理が可能となる。第二に，物品の高度なロケーション管理が可能となる。例えば，図書館の書籍や，港湾や空港のコンテナなどにRFタグを付ければ，瞬時にロケーションが検索できるようになる。第三に，作業処理の効率を高めることができる。例えば，スーパーマーケットの商品にRFタグを取り付ければ，買物カートから商品を載せたまま精算ゲートを通るだけで会計できるようになる。第四に，暗号機能付きのRFタグを「カギ」として利用することにより，セキュリティレベルが飛躍的に向上する。例えば，自動車の電子キーシステム「イモビライザー」はすでに実用化されている。キーにRFタグを埋め込み，キーと車両側のコードを照合して一致したときのみ，エンジンを始動するシステムである。

さらに，ビルや家屋のドア，窓への応用が考えられ，また，紙幣，小切手，チケットなどにRFタグを埋め込めば，偽造や不正流通の防止にも役立つ。

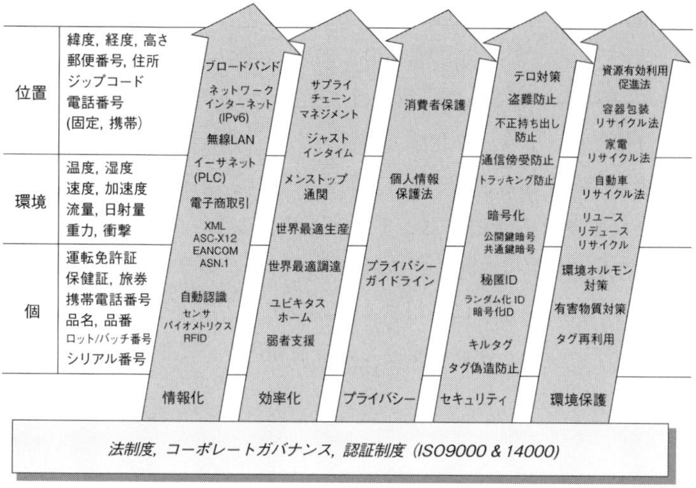

図1.4.1　ユビキタスと識別レイヤ

RFタグどうしがコミュニケーションを行うことで，人間がコンピュータの存在を意識しないでコンピュータを利用できるようになる。例えば，道路や街灯，信号機，横断歩道など，特定の場所にRFタグを埋め込むことにより，そこから地域の情報が得られ，地図に頼らず容易に目的の場所に到達できる。これは，歩行者ITS（Intelligent Transport System）と呼ばれ，RFタグを用いることでGPS（Global Positioning System）より高精度で利用者の位置を特定し，利用者が快適かつ安全に移動できるように支援するものである。これにより，高齢者や視覚障害者，車椅子利用者などがスムーズに移動できるバリアフリー社会の構築を目指している。

目的地に到達する方法として，杖や車椅子に埋め込まれたリーダライタ付き制御装置にあらかじめルートをプログラムし，施設側のRFタグの番号をたどって目的地に到達するのが従来の方法であった。杖や車椅子のRFタグが施設側のRFタグとコミュニケーションを取り，現在の状況（天候，混雑状況，距離，時間など）で最適ルートを選択しながら目的地に到達できるようになる。

RFタグを物品に取り付けて新たな付加価値やサービスを生み出すためには，ネットワーク化が必要で，その方法は例えば次のようなものが考えられる。第一は，RFタグのデータを読み書きするリーダライタと接続しているコンピュータをネットワーク化する方法であり，これはすでにインターネットや無線LANとして実用化されている。第二は，RFタグのデータを読み書きするリーダライタ自体をネットワーク化する方法であり，技術的には可能だが，リーダライタの価格が高くなる。第三は，RFタグそのものをネットワーク化する方法であるが，RFタグの価格をどこまで安くできるかが決め手になる。

この3つの方法をすべて同じ周波数を使用してシステムを構築したほうがよいのか，あるいは方法ごとに使用する周波数を変えたほうがよいのか，まだ明確な結論は出ていない。今後の重要な研究課題の一つである。

第2章

RFIDの基礎用語

ここでは，第3章以下のRFIDについての詳しい説明を理解するために必要な基礎用語を簡単に紹介する。一般的な用語を多く取り上げており，個々の用語についてより詳細に知りたい場合は専門の参考書を参照されたい。

RFIDは，電波を用いて対象を識別する技術のことで，その識別は，RFタグに内蔵されたメモリを通信手順に従って読み出すことにより行われる。そこで，基礎用語として，電波や通信，メモリなどについて説明し，電波の基本となる電磁場に関する基礎用語についても取り上げる。また，メモリの中に収納する識別番号についても説明する。

2.0　RFIDに関する基礎用語

はじめに，RFIDに関する用語から取り上げる。

RFIDは，電波（Radio Frequency）を用いた識別（IDentification）という意味で，レーダーでとらえた飛行機の識別を行う際に用いられたのがルーツである。ただし，本書でいうRFIDは，識別対象に半導体メモリを内蔵し，そのメモリに対して誘導電磁界または電波を用いて読み取りまたは書き込みを行う技術を指す。JIS X 0500では，RFIDについて下記のような定義をしている。

「種々の変調方式と符号化方式とを使ってRFタグの固有IDを読取り，RFタグへ又はRFタグから通信するために，スペクトルの無線周波数部分内における電磁的結合又は誘導結合を利用すること」

また，RFIDをタグ，すなわち物に貼付するラベルや荷札に用いたものを「RFタグ」と呼ぶ。このRFタグの呼び方はさまざまで，「無線ICタグ」「非接触ICタグ」「無線タグ」「IDタグ」「ICタグ」「電子タグ」などと呼ばれることもある。

本書では，JISに従って「RFタグ」という用語を用いる。

2.1 電磁界に関する基礎用語

RFIDを理解するためには，電磁界についての理解が不可欠である。そのためには，電荷，電流，磁場，電磁場などの用語を理解する必要がある。厳密にこれらの用語の概念を理解するためには，物理学の一領域である電磁気学やマクスウェルの方程式を理解する必要があるが，これらは非常に難解である。ただし，RFIDの一般的な利用のためには，これらの高度な理解は要しない。

ここでは数式を用いず，電磁界および電波を理解するための基礎用語を説明する。

2.1.1 電荷

電荷には，プラスとマイナスがある。電荷自体は独立して存在せず，プラスの電荷は陽子に，マイナスの電荷は電子に含まれて存在している。例えば，**図2.1.1**のように，水素は，陽子1個とその周囲を回る電子1個から構成されている。陽子のプラス電荷と電子のマイナス電荷は同じ大きさであるため，水素自体は電気的に中性である。通常，水素は陽子と電子が一体として存在するが，特別な状態では別々に分離した状態になることがある。すなわち，水素原子核と電子に分離される。水素原子核は，陽子1個から構成されており，プラスの電荷を帯びているのでプラスイオンと呼ばれることがある。

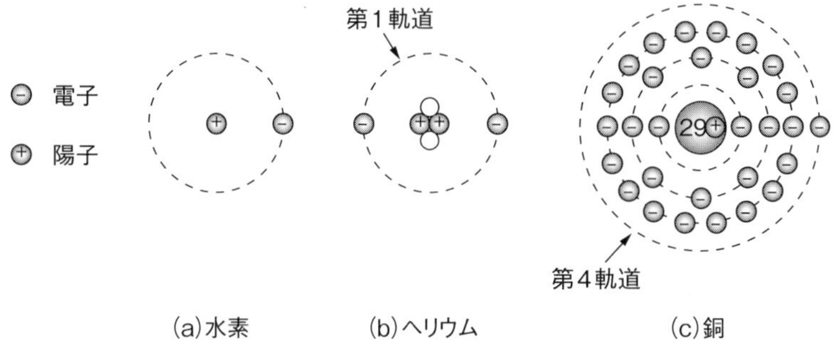

図2.1.1　原子模型と電荷

2.1.2　電場と電気力線

陽子が空間に存在するとき，その周辺に電場を作る。電場は，陽子に近いほど強くなり，また遠くなるほど弱くなる。実験をすると，電場の強さは距離の2乗に反比例することがわかる。距離が10倍離れると，電場は100分の1になる。同じように電子が空間に存在するとき，その周辺に電場を作ることは陽子の場合と同じであるが，違いは向きにある。

プラスの電荷からは外向きに電場が形成されるが，マイナスの電荷からは内向きに電場が形成される（**図2.1.2**）。電場は向きと強さを持っており，この性質をベクトルと呼ぶ。ベクトルは線で表現でき，電気力線と呼ぶ。この言葉を使うと，プラスの電荷から電気力線が出て，マイナスの電荷に入る。

電場は，電荷が存在すると形成されるが，磁場が変化するときにも形成される。このことは，マクスウェルの方程式の構成からもわかる。磁場が変化することによって形成される電場は，電波が伝播するうえで重要な役割を果たす。

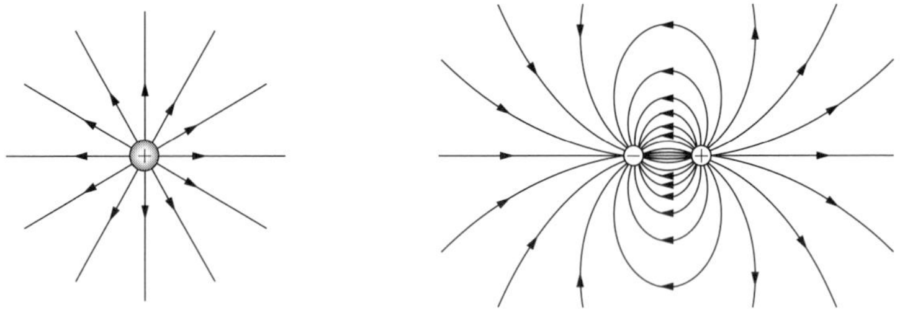

(a) 正の電荷が作る電気力線　　(b) 正負の電荷が作る電気力線

図2.1.2　電荷の作る電気力線

2.1.3　電流

電気を流す場合，一般的には銅線を用いる。銅を構成するのは，銅の原子核（陽子29個など）とその周りの電子29個からなっている。銅の原子核は電線を構成しており容易に動くことはないが，周囲を回る電子の一部は容易に動くことができる。銅線に電圧をかけると，電圧が高いほうから低いほうへ電流が流れ，電子は逆方向に動く。

電子は，銅線の中を動くとき，振動している銅原子核と衝突しながら進んでいく。銅原子核は容易に動かないと前述したが，銅原子核は位置を変えることなく振動しており，電子はこの振動に行く手を阻まれる。これが抵抗である。

2.1.4 磁場と磁力線

図2.1.3に示すように，電流が流れると，右ねじの法則により電流の方向から見て右回りの，円形の磁場ができる。電線に沿って電流が流れる限り，周囲の磁場は存続する。右ねじの法則は，1820年に電流の単位「アンペア（A）」として名が知られているフランス人の物理学者アンドレ・アンペールが発見した。電流が直流電流の場合は直流（静）磁場が形成され，交流電流の場合は交流（動）磁場が形成される。

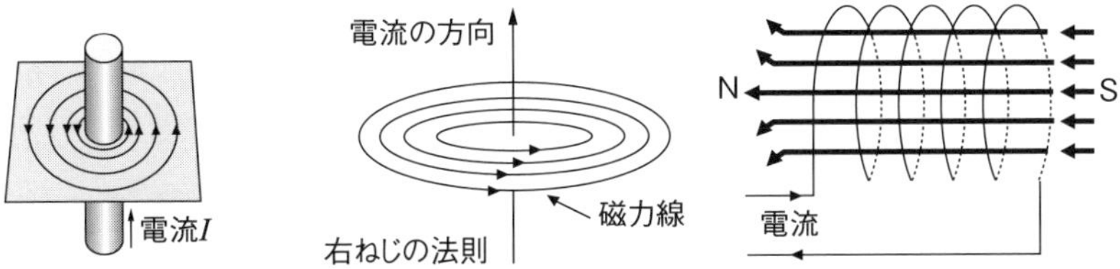

図2.1.3　電流の作る磁力線

磁場も電場と同じく向きを持つため，ベクトルで表すことができる。これを磁力線と呼ぶ。磁場の強さは，通常，磁束密度で表され，磁束とは磁力線の束であり，磁束密度は単位面積を通る磁束の数を示す。

磁場は，**図2.1.4**に示すように磁石によっても形成される。磁石にはN極とS極があり，磁力線はN極から出てS極に入る。磁石の上に紙を置き，さらにその上に鉄粉を撒くと磁力線に沿って鉄粉が並ぶので，磁力線の形を目で見ることができる。

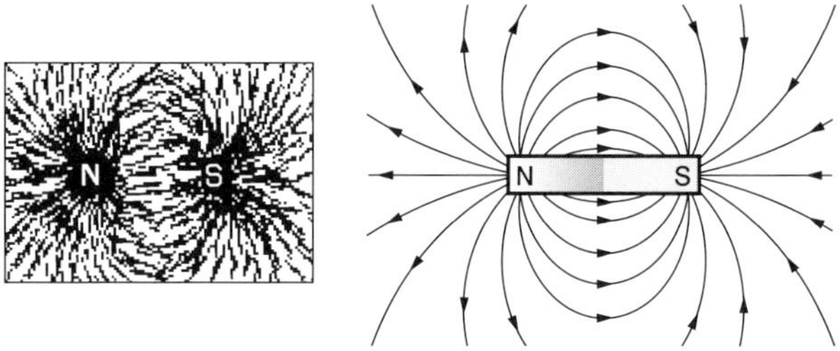

図2.1.4　磁石の作る磁力線

2.1.5　電磁誘導

電線をくるくる巻いてコイルにすると，コイルを貫いて同一方向の磁場ができる。この交流磁場の中に別のコイルを置くと，コイルの両端に電圧が発生する。これは「ファラデーの法則（電磁誘導の法則）」といわれ，1831年にイギリス人の化学者で物理学者のマイケル・ファラデーによって発見された。

ファラデーの法則は，トランス（変圧器）の原理でもある。**図2.1.5**に示すように，コイルAが作った磁場がすべてコイルBを貫く理想的な場合，エネルギーがロスしないでコイルAからコイルBに磁場が伝達される。これは，2つのコイルの中に磁場が流れやすい物質，つまりコア物質を置いてやることで実現できる。

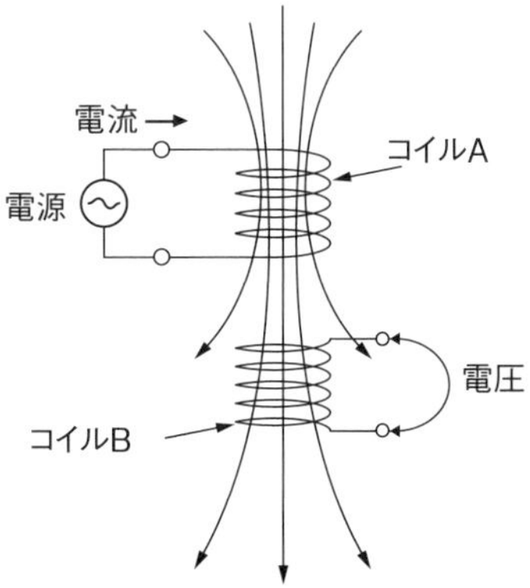

図2.1.5　電磁誘導の原理

コア物質を取り除くと，どうなるだろうか。磁場は空間を広がって，コイルAが作った磁場の一部しかコイルBを貫かなくなる。しかし，一部の磁場は貫くので，信号や電力を伝えることはできる。これが，RFタグで採用されている電磁誘導方式である。

2.1.6 電場と磁場の相互作用

磁場の時間変化があるところには電場ができる。さらに電場と磁場は別々に独立して存在するのではなく，密接に結び付いたものである。電場と磁場は，電磁場という1つの場の，2つの側面であるといえる。

磁場が変動すると電場が形成され，電場が変動すると磁場が形成され，無限に電場，磁場，電場，磁場と形成されていくことになる。これが同一地点で繰り返されていれば，波にはならない。しかし，電場が変動したときに形成される磁場は同一地点だけでなく，その周囲の地点にもできるので，波となって伝わっていくことになる。これが電磁場の波，すなわち電磁波である。

2.1.7 電磁波の発見

イギリス（スコットランド）の理論物理学者ジェームズ・クラーク・マクスウェルによって，電磁波の存在が理論的に予測されたのは1864年である。アンペールやファラデーの築いた断片的な法則を総合して，マクスウェルは電磁場について「マクスウェルの方程式」として体系化し，そこから電磁波の波動方程式を導いた。

1888年，電磁波の存在を実験的に証明したのがドイツの物理学者ハインリッヒ・ヘルツである。火花放電の実験をしていて電磁波の存在を確かめたのである。彼の名前は周波数の単位「ヘルツ（Hz）」となっている。

2.2 電波に関する基礎用語

電波の正式な名称は電磁波であり，電場と磁場の波という意味である。電場と磁場は，別々ではなく一体で，電磁場というのである。電磁場を電気的側面から見たのが電場で，磁気的側面から見たのが磁場である。

ただし，本書では，一般に用いられている電波という用語を用いる。

2.2.1　周波数

電波の特性はその変化の速さ，すなわち周波数によって決まる。電波法で規定されている電波の周波数範囲は3THz（3 000GHz）以下であり，周波数の下限は定められていないが上限は定められている（**図2.2.1**）。これは，高い周波数では光やX線など電波の特性と異なるからである。電波法上の電波は，**図2.2.2**に示すように周波数帯ごとに名前が与えられている。ここでは，RFIDで用いられている周波数帯を中心に，周波数の低いものから高いものの順に，その特性を簡単に説明する。

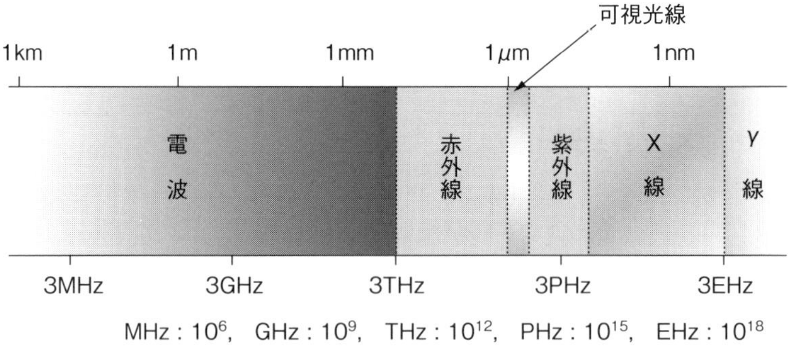

図2.2.1　電磁波の周波数と波長

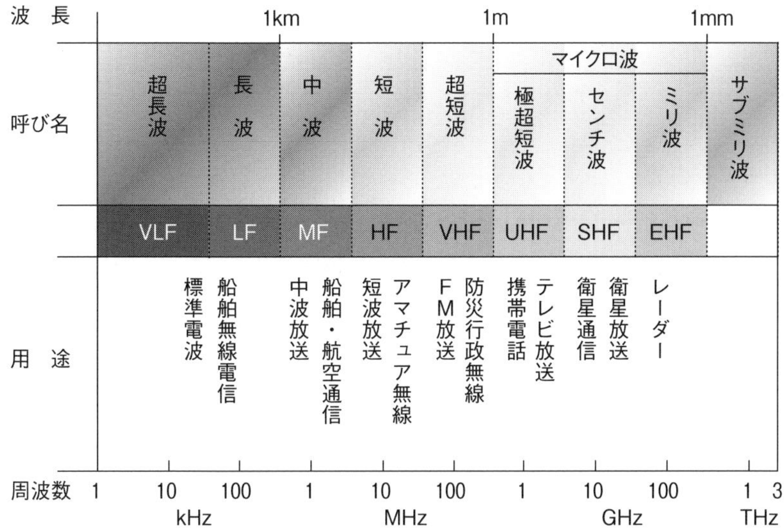

図2.2.2 電波の周波数と用途

(1)長波

長波帯（LF）は，通常，30〜300kHzの範囲の周波数帯を指すが，RFタグで用いられる周波数は135kHz未満とされている。AMラジオは約600〜1 400kHzであるので，ラジオよりかなり低い周波数である。

(2)短波

短波帯（HF）は，3〜30MHzの範囲の周波数帯であり，日本での短波ラジオ放送は約1.6〜30MHzの周波数帯が用いられている。RFタグに用いられている周波数は，以降で説明するISMバンドの13.56MHzであり，ICカードも同じ周波数である。鉄道乗車券などのカードやISO/IEC 14443 Type A（身分証），Type B（免許証，パスポート）もこの周波数で，全世界で共通して使える周波数帯である。

(3)超短波

超短波帯（VHF）は，30〜300MHzの範囲の周波数帯であり，防災行政無線等の公共業務やFMラジオ放送として使用されている。

(4)極超短波

極超短波帯（UHF）は，300MHz～3GHzの範囲の周波数帯であり，携帯電話やテレビ放送で用いられている。RFタグに用いられている周波数は，各国で異なっている。

(5)マイクロ波

マイクロ波帯は，UHF帯以上の周波数（UHF，センチ波，ミリ波など）を表す一般用語である。RFタグの周波数は，ISMバンドである2.45GHzを用いている。センチ波以上は電離層を突き抜けることができるので，衛星通信に用いられている。

(6)ISMバンド

ISM（Industry Science Medical）バンドは，主に産業，科学，医療での用途のために設定されている周波数帯のことである。例えば，電子レンジが過熱のために用いる電磁波などがこれにあたる。ISMバンドは共用バンドであるため，ISMバンドで運用する無線局は，ほかのISM機器の運用によって生ずる混信などの影響を容認しなければならない。また，ITU（国際電気通信連合）は世界を3分割して電波の利用を規定しているが，このISMバンドも各ゾーンによって異なっている。

日本では，13.56MHz，27.12MHz，40.68MHz，2.45GHz，5.8GHz，24GHzの各周波数帯がISMバンドとして設定されている。

ここで，13.56MHzの2倍高調波となる27.12MHz，3倍高調波となる40.68MHzもISMバンドとすることで，13.56MHzを用いるISM機器からの高調波成分が，ほかの通信に妨害を与えないように配慮されている。これらの主な用途としては，27.12MHz帯は玩具のトランシーバ，40.68MHz帯はワイヤレスマイク，5.8GHz帯は有料道路の課金システムであるETCで使われている。また2.45GHz帯は，電子レンジ，無線LAN，Bluetooth，デジタルコードレス電話，VICSなどの近距離通信で使われており，24GHz帯は自動車等の衝突防止システム用レーダーで使われている。

さらに，南北アメリカなど，ゾーンによっては，900MHz帯がISMバンドに指定されているところもある。

(7)RFIDで用いられる周波数

RFIDが通信をするとき，電波を発信することが許される周波数帯域が設定されている。

現在，電池を持たないパッシブタグで用いられている周波数帯域は，次のとおりである。

- 長波（LF）：135kHz未満
- 短波（HF）：13.56MHz
- 極超短波（UHF）：860〜960MHz
- マイクロ波：2.45GHz

また，電池を有しているアクティブタグでは，コンテナ用の433MHz帯と出力の小さな微弱無線機器として300MHz帯がある。

これらの周波数帯は，各国の電波法によって規制されるため，国によって用いられている周波数が異なる。日本でのUHF帯は，2018年3月31日までは950MHz帯，2012年7月25日以降は920MHz帯が許されている。マイクロ波などでも，使用周波数範囲が電波法令（電波法や関連法令）で規定されている。

2.2.2 波長

前述した「長波」は，電波の波長が「長い」ためそう呼ばれている。電波は，光と同様，空気中を1秒間に約30万km進むが，この距離の間に波がいくつあるかを表したものが周波数である。長波は，周波数が135kHzの場合，30万kmの中に13万5 000個の波があることになり，この値で電波が1秒間に進む距離を割ると波長を求めることができる。計算の結果，長波の波長は約2 200mになる。これに対してマイクロ波は，2.45GHzの場合，30万kmの中に24億5 000万個の波があるので，波長は約12cmとなる。長波の波長がとても長いことがわかる。

2.2.3 搬送波

搬送波とは，通信においてデータを送受信するための電波のことである。

通信されるデータは，符号化によってHとLのデジタル回路上の信号で表現されたものであるが，そのまま電波として利用されることはない。RFIDでは搬送波に通信すべきデータを乗せてアンテナから送出している。主に135kHz未満，13.56MHz，433MHz，920MHz帯および2.45GHz帯の周波数が，搬送波として使用されている。

搬送波の振幅や周波数，位相などを変えてデータを送出することを変調という（→５章参照）。したがって，搬送波の波形は，データが何も乗っていない場合はきれいな正弦波になるが，データが乗っている場合は複雑な波形になる。

2.3　通信に関する基礎用語

2.3.1　2進数と16進数

われわれが生活の中で使用している数値は，お金の数え方，重量，長さ，個数など，おおむね10進数で表現されている。10進数とは，0，1，2，……8，9と増加し，10に達すると桁が繰り上がる数え方のことである。すなわち，0から9までの数字を10個使い，それ以上の数を表す場合は上の位を1つ増加させる。

身近にある10進数以外の数え方には，時間の数え方がある。歴史的な経緯もあって，時間の数え方は10進数とはなっていない。分は，60分が1時間であるので60進数といえるし，また時間は24時間が1日であるので24進数といえる。

2進数は，「0」と「1」の2つの数字を使って表現する数え方である。すなわち，0の次は1であるが，その次は10になる。そして次が11で，その次は順次繰り上がって100になり，その後は101，110，111，1000となる。

デジタル回路上の信号Highレベル（H），Lowレベル（L）は，2進数でそれぞれ「1」「0」と表せる。LLLL，LLLH，LLHLを2進数で表すと，それぞれ0000，0001，0010になる。これは10進数で表現すると0，1，2にあたり，これは住所の番地をいうのと同じ表現ができることになる。ただし，数値で表現できても不便なところがあり，例えばコンピュータのメモリのアドレス線が16本あるとすると，001011……と16桁の文字を並べる必要がある。そこで，

4桁ずつまとめて16進数で表すと，簡潔に表現できる。2進数が4桁分あるので，10進数でいうところの0から15までを表現することができる。

16進数の数字は，0から9まではそのまま用い，10から15まではA，B，C，D，E，Fを使う。例えば，0001は1，0100は4，1001は9，そして1010はA，1111がFになる。さらにFの次が10となり，16に達すると桁が繰り上がる（**表2.3.1**）。16進数の数字は，10進数の数字と区別しにくいため，数字の後に「h」を付ける。10hというと10進数では16，20hは32ということになる。このような表現にすることで，多くのアドレスを簡潔に表現できる。

表2.3.1　2進数，16進数，10進数

デジタル回路上の信号	2進数	16進数	10進数
L L L L	0000	0	0
L L L H	0001	1	1
L L H L	0010	2	2
L L H H	0011	3	3
L H L L	0100	4	4
L H L H	0101	5	5
L H H L	0110	6	6
L H H H	0111	7	7
H L L L	1000	8	8
H L L H	1001	9	9
H L H L	1010	A	10
H L H H	1011	B	11
H H L L	1100	C	12
H H L H	1101	D	13
H H H L	1110	E	14
H H H H	1111	F	15
H L L L L	10000	10	16

2.3.2　通信速度と変調速度

通信速度とは，単位時間あたりのデータ通信量を示すものである。例えば，1秒間に9 600ビットを伝送している場合，通信速度は9 600ビット/秒となる。

変調速度は，通信速度とは異なる概念で，単位時間あたりの変調の回数を示す。したがって，1回の変調で2ビット送るような変調方式で9 600ボー/秒では，19 200ビット/秒になる。第3章で詳しく説明するが，位相偏移変調（PSK）

の場合に，高速通信技術として採用されることがある。

上述したように，通信速度とは単位時間あたりのデータ通信量であるが，実際のスループットは，RFタグの中のメモリを読み出して，それを受け取る通信量だけとは限らないことに注意する必要がある。これは，RFタグとリーダライタの間でコマンドのやり取りが行われ，またリーダライタの処理時間がかかるためである。

2.4　電力に関する基礎用語

2.4.1　消費電力

電気回路において消費される電力のこと。電圧Vと消費電流Iの積で表され，単位は「ワット（W）」で表す。

RFタグの消費電力は，通信距離と密接に関連しており，電池を搭載しないRFタグでは，多くの場合，電力供給が可能な距離が交信距離となる。

2.4.2　等価等方放射電力

放射電力は，dBmで定格が表される。アンテナの送出電力は，EIRPまたはeirp（Equivalent Isotropically Radiated Power：等価等方放射電力）として測定される。EIRPは，アンテナ利得（単位はdBi）に送信機の出力（単位はdBm）を加えたものからケーブルロス（単位はdB）を引いて算出する。

EIRPが，アイソトロピックアンテナを基準とした電力であるのに対し，ダイポールアンテナを基準にした電力は「ERPまたはerp」と呼ばれる。この場合，日本語では「実効放射電力」と呼ばれる。

2.4.3　アンテナ利得

入力電力を等しくし，アンテナがある方向へ放射した電力と基準アンテナが同一距離の点に放射した電力の比を「アンテナの利得」という。

アンテナは，入力されたエネルギーを一定方向に集中して放射することができるが，この放射の集中の度合いはアンテナの種類や方式によって差がある。

すなわち，入力された電力に指向性を持たせず全方向に放射するアンテナと，指向性を持たせて効率よく集中させるアンテナでは，電波の到達距離に差が出る。この差が利得の差になり，利得が高ければ高いほど指向性が鋭くなる。

アンテナの利得は，「被試験アンテナと基準アンテナに同一電力を加えた場合の，最大電界方向での受信電力の比」で表す。アンテナの利得を表すには，アイソトロピックアンテナを基準にする方法と，他の種類のアンテナ（一般的には半波長（$\lambda/2$）ダイポールアンテナ）を基準にする方法がある。

ここで，アイソトロピックアンテナを基準に用いる場合の利得を絶対利得と呼び，単位にdBiを使用する。一方，基準に理想的な半波長（$\lambda/2$）ダイポールアンテナを用いる場合は相対利得と呼び，単位にdBdを使用する。またダイポールアンテナの絶対利得はdBiを使用する。

アンテナ利得の場合，単位dBdとdBは同じ意味であり，正式にはdBdと書く。アイソトロピックアンテナは，理論的な数式上のアンテナであり，球状の指向性を持ち電波をすべての方向に同一強度で放射する仮想アンテナである。

2.5 メモリに関する用語と単位

2.5.1 ビット

ビットとは，デジタルコンピュータが扱うデータの情報量の最小単位で，英語の「binary digit（2進数字）」の略である。一般に，nビットの情報量では2のn乗個までの情報を表現することができる。例えば，アルファベット26文字を表現するのに必要な情報量は5ビット（$2^5 = 32$）で，また，アルファベットの大文字と小文字（$26 \times 2 = 52$文字）を表現するためには6ビット（$2^6 = 64$）を要する。

2.5.2 バイト

バイトもビットと同様，データの情報量の単位で，ほとんどの場合，1バイトは8ビットを意味する。コンピュータにおいての情報の記憶や処理，伝達は一般的にバイト単位で行われる。

元来，バイトは1文字分の文字コードを表現するために必要なビット数を意味し，特に8ビットを指すものではなかった。初期のコンピュータでの1バイトは6ビットであることが多く，7ビットや9ビットとして扱うコンピュータもあった。しかし，8ビットマイクロプロセッサが普及したことで，バイトが通常8ビットを指すようになったという経緯がある。このため，情報通信分野などにおいて，情報量の単位として特に8ビットであることを明示する必要がある場合には，バイトではなく「オクテット」と表記する。

2.5.3　ワード

ワードは，コンピュータで扱うデータ量の単位で，一つのデータのかたまりを指す言葉としても使用される。そのため，コンピュータやプロセッサによってワードの指す内容は異なるが，現在のコンピュータのCPUでは16ビットや32ビットを表すことが多い。

コンピュータによっては，1ワードを演算などの最小単位としているものもある。このような場合，1ワードが12ビット，16ビット，32ビットなどで構成され，そのビット単位でレジスタ演算やメモリとやり取りできる。

ただし，CPUによってレジスタ長などのハードウェア構成とは直接関係なく，2バイト（16ビット）をワードとすることもある。その場合，CPUは，ワードよりも大きい単位でデータを扱うことができる。

16ビットを1ワードとする場合，32ビットをロングワード（ダブルワード），64ビットをロングロングワード（クワッドワード）と呼ぶ。

従来，多くのRFタグのメモリは1ワードが8ビットであったが，ISO/IEC 18000-63 Type Cで定義されているRFタグのメモリ構成では，1ワードが16ビットとなっている。

2.5.4　メモリの種類

メモリは，データを記憶する媒体であり，RFIDでも根幹的な機能である。RFタグ上のメモリは，タグのチップ上に搭載されている。RFタグで用いられるメモリの種類には次のようなものがある。

- EEPROM（Electrically Erasable Programmable Read Only Memory）
- FeRAM（Ferro electric Random Access Memory，FRAMともいう）

EEPROMは，電気的にデータを保持しての書き込みや消去が可能で，繰り返しての書き込みが10万回程度可能である。また，一度記憶させたデータを10年間保持することができる。同じアドレスを読み込むことで電荷をチャージできるので，読み込んだ時点からさらに10年間のデータ保持が可能となる。また，読み込みに必要な電圧に対して，書き込みに必要な電圧が0.2V程度高いので，この差が読み取り距離と書き込み距離の差となって現れる。

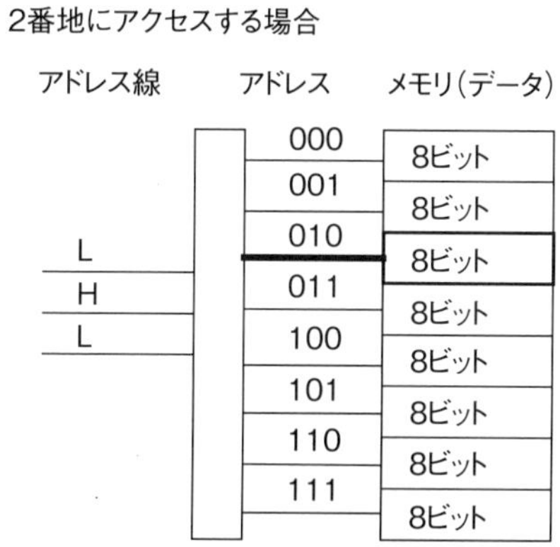

図2.5.1　メモリ構成とアクセス

FeRAMは，強誘電体膜をデータ保持用のキャパシタに利用した不揮発性メモリである。繰り返しての書き込みが10億回程度可能である。読み込み電圧と書き込み電圧が同じなので，読み取り距離と書き込み距離も同じである。

2.6 識別番号の種類と役割

さまざまな物や情報を区別するために，識別（ID）番号が付与されている。身近なID番号の例として，電話番号があげられる。電話番号は，各自が有する電話ごとに割り当てられており，基本的に重複して割り当てられることはない。また，電話の装置を更新しても同じ電話番号がそのまま使用できるので，電話の装置自体にID番号が付与されているのではないことがわかる。ID番号は，回線自体に付与されており，これは携帯電話でも同じである。

このように，さまざまな物や情報にID番号を付与できる。本項ではRFIDに関連する代表的なID番号について取り上げる。

2.6.1 RFタグの固有ID

RFタグの固有IDは，その名のとおりタグに付与されたID番号である。番号の体系はISO/IEC 15963で規定されている内容が基本となる（→表8.10.6参照）。

RFタグの固有IDは，ICチップのID番号であると定義され，それぞれのICチップには，使用者のニーズに基づいて独自の機能が搭載されている。このことは，国際標準に準拠したICチップであっても同じである。国際標準で規定された内容について，**表2.6.1**にISO/IEC 18000-3とISO/IEC 18000-6XのTag IDを記述する。

表2.6.1に示すコードの構成のメーカコード（IC Mfg）には，ICチップのメーカコードが書き込まれる。また，固有IDはタグを製造した製造業者が付与することも認められており，その場合は，メーカコードはタグ製造業者のメーカコードとなる。

表2.6.1 Tag IDの種類と対象

IDの種類	国際標準規格	IDの対象	コード構成とサイズ
Tag ID	ISO/IEC 18000-3 Mode1 ISO/IEC 18000-3 Mode2 ISO/IEC 18000-3 Mode3	RFタグ	64bits (E0h (8), IC Mfg (8), SN (48))
Tag ID	ISO/IEC 18000-61 Type A	RFタグ	64bits (E0h (8), IC Mfg (8), RFU (16), SN (32))
Tag ID	ISO/IEC 18000-62 Type B	RFタグ	64bits (E0h (8), IC Mfg (8), SN (48))
TID	ISO/IEC 18000-63 Type C	ICチップ	64bits (E0h (8), IC Mfg (8), SN (48))
TID-U, -S	ISO/IEC 18000-64 Type D	RFタグ	64bits (E0h (8), IC Mfg (8), SN (48))

(注) ISO/IEC 18000-63, 18000-64は，固有IDの割り当てクラスE2h, E3hもサポートしている。

2.6.2 ユニークID

ユニークIDとは，物を唯一に特定するためのID番号という意味である。現在，多くの商品にバーコード（JANコード）が付与されているが，このコードは商品種類を示す番号であり，これもユニークIDの一つである。貼付される対象としては，商品のほかにも，輸送容器やパレットなどがある。容器などに貼る場合はそこに収納されている商品を表すものではなく，あくまでも貼付された輸送容器やパレットを示すものである。

ISO/IEC 18000-3, 18000-6Xシリーズの一部では，**表2.6.2**に示すようにTag IDをユニークIDとして使用している。

表2.6.2 ユニークIDの種類と対象

IDの種類	国際標準規格	ユニークIDの対象
UID	ISO/IEC 18000-3 Mode1, Mode2 ISO/IEC 18000-61 Type A, -62 Type B, -64 Type D	物に付けて使用
UII	ISO/IEC 18000-63 Type C ISO/IEC 18000-3 Mode 3	流通分野で物に付けて使用 (EPCコード)
AI	ISO/IEC 15148 (アプリケーション識別子)	流通分野で使用されている ユニークID
DI	ISO/IEC 15148 (データ識別子)	流通分野で使用されている ユニークID

2.6.3　データ格納方法

RFタグのメモリにデータを収納する方法としては，以下の2つの方法がある。

- 固定順固定長方式
- 識別子方式（可変順方式）

固定順固定長方式では，メモリに格納するデータの種別，その長さと順序があらかじめ定められている方式である。例えば，「企業番号は4桁，製品番号は4桁，シリアル番号は6桁」というようにあらかじめ定められている。それに対して識別子方式では，これらのデータの種別の順序は定められておらず，データの種別を示す識別子もデータ列の中に収納される。例えば，「企業番号XXXX，製品番号YYYY，シリアル番号ZZZZZZ」という並びになる。ここで企業番号，製品番号をそのままデータとして書くのではなく，2，3文字の記号として表現したものが識別子である。そして，同じデータを「シリアル番号ZZZZZZ，企業番号XXXX，製品番号YYYY」といった順で格納することも可能である。

この識別子として，AI（Application Identifier）とDI（Data Identifier）がある。AIは，主に流通系で用いられている。また，DIは，主に製造系で用いられている。

2.7　関係団体

ここでは，RFタグの普及に関して大きな役割を果たしている団体について，簡単に説明する（**図2.7.1**）。ほかの関係団体については，おのおのの章で紹介する。

2.7.1　JAISA

JAISA（一般社団法人 日本自動認識システム協会）は，RFIDのほか，一次元シンボル，二次元シンボルなどの光学的情報媒体，バイオメトリクスなど，自動識別に関係する製造業者などから構成されている団体であり，日本でのRFIDの普及に大きな役割を果たしている。

RFIDに関連する組織として，研究開発センター内にRFID部会があり，RFIDの普及や課題に取り組んでいる。

また，ISO TC122 WG12の国内委員会が設置されており，物流へのRFIDの適用に関する国際標準の審議を行っている。

2.7.2 GS1, EPCglobalとAuto-ID Labs

GS1は，流通の分野で広く用いられているGTIN（Global Trade Item Number，日本ではJANコード）を中心とした標準化推進機関であり，その普及を担ってきたEANインターナショナル（European Article Number International）とアメリカで同じ機能を果たしてきたUCC（Uniform Code Council）が合併してできた団体である。

1999年にアメリカのマサチューセッツ工科大（MIT）の中に設置されたAuto-ID Centerは，EPC（Electronic Product Code）を提唱し，5セントタグの実現を訴えた。また，EPCを用いたSCMシステムの構築を研究してきた。

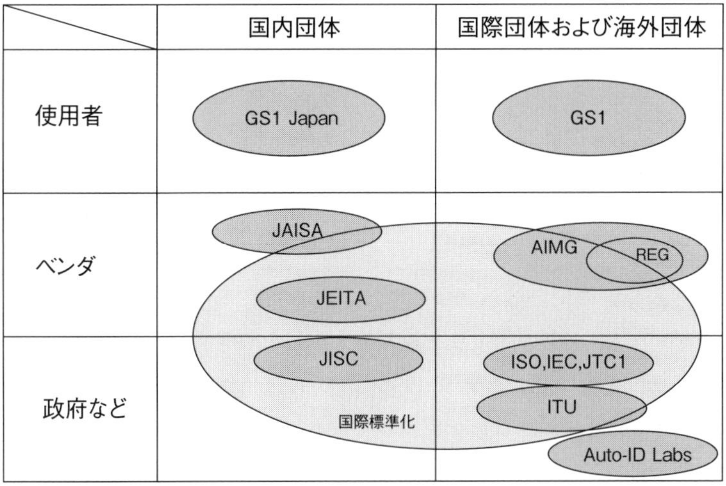

図2.7.1 RFタグの関係団体

そのAuto-ID Centerは，2003年，発展的に解消し，EPCの普及は新たにGS1の下に設立されたEPCglobalに引き継がれた。また，その研究については，Auto-ID Labsに引き継がれた。Auto-ID Labsは，MITの他，慶応大学，その他の大学によって構成されている。

EPCglobalは，EPCを用いた流通システム管理を提唱しており，その会員の中でアメリカの小売業者であるウォルマート，ドイツの小売業者のメトログループが先頭に立って実用化実験を行った。

EPCglobalにおける基本的な標準仕様開発がひととおり終了し，RFID関連の標準もGS1標準と一体となって本格的な普及期に入るとの考えから，2010年4月，EPCglobalにおける標準開発プロセスは，GS1の標準開発プロセスに統合された。

2.7.3　ISO, IECとJTC1

国際標準を策定する団体はISO（International Organization for Standardization：国際標準化機構）であるが，電気に関する国際標準はISOではなくIEC（International Electrotechnical Commission：国際電気標準会議）が担当している。ただし，情報技術分野は両方にまたがる技術分野であり，ISOとIECが共同でJTC1（Joint Technical Committee 1：合同技術委員会）を設立して，情報技術分野の国際標準の策定を行っている。JTC1では，現在23のサブ委員会（SC）が活動し，さまざまな情報技術分野の標準を審議している。その中でも，RFIDやバーコードなどはSC31，ICカードはSC17，バイオメトリクスはSC37の各委員会が担当している。

2.7.4　ITU

情報技術分野の国際標準については上述のJTC1が担当しており，RFIDは電波を用いてRFタグのメモリを読み出すが，その電波の利用や割り当てについては，国連の下部機構であるITU（International Telecommunication Union：国際電気通信連合）が担当している。ITUは，電気通信に関する国際的な標準や電波に関する標準を策定しており，特に電波に関する事項については，ITUの一部門であるITU-Rが担当している。

2.7.5 JISC, JEITA, GS1 JapanとECOM

国際標準は，上述したようにISO，IECおよびJTC1で開発しているが，日本では経済産業省の中に設置されているJISC（Japanese Industrial Standards Committee：日本産業標準調査会）が行っている。JTC1のSC31については，実際の標準化の審議は一般社団法人 電子情報技術産業協会（JEITA）に委員会が設置され，検討が行われている。

このほかに，RFIDに関連する団体として，GS1 Japan（一般財団法人 流通システム開発センター）と次世代電子商取引推進協議会（ECOM）がある。GS1 Japanは，前述のGS1の日本支部の役割を果たしている。

ECOMは，基本的にはネットワークを介した商取引の標準化などを取り扱う。RFタグを用いたSCMでの応用も将来の商取引の姿であるため，その観点から活動を行っていたが，2010年3月31日をもって解散し，一般財団法人 日本情報経済社会推進協会に活動拠点を移している。

2.7.6 AIMグローバル

国際的な自動認識団体としては，AIMグローバル（Association for Automatic Identification and Mobility Global）がある。RFIDに関する国際標準の策定に寄与するREG（RFID Expert Group）を組織し，活発な議論を行っている。2013年からAIMグローバルは，オランダのNENの辞退により，ユニークIDの登録機関となった。

第3章

RFIDの原理と特徴

RFIDシステムは，**図3.1.1**のようにリーダライタ，RFタグ，上位機器で構成されており，同一の周波数帯を使用して交信する。リーダライタは，RFタグへの電力伝送とデータ交信，および上位機器（PC，制御用機器など）との通信を行う。RFタグは，移動体（物品や人間など）に取り付けられたメモリとして使用され，リーダライタからの指令により，RFタグ内メモリへのデータリードおよびライトを行い，その結果をリーダライタへ返送する。RFIDの用途が多様化するに伴って，周波数，交信距離，記憶容量，形状，対環境性，価格などにおいてさまざまな仕様の製品が商品化されている。

3.1　リーダライタとRFタグ間の交信

パッシブ方式の場合，リーダライタからRFタグへは，RFタグを駆動させるために必要な電力伝送とデータ伝送を行い，RFタグからリーダライタへはデータ伝送のみを行う。リーダライタからのデータ伝送は，通常の無線通信に使用されている方式で行うが，RFタグからのデータ伝送はリーダライタからの搬送波（キャリアウェーブ）を反射させる方式（バックスキャッタ）で行っている。アクティブ方式の場合は，電池を内蔵しているため電力伝送は必要なく，双方向ともデータ伝送のみであり，通常の無線通信と同じ方式が使用される。

3.2　電力伝送

リーダライタから非接触でRFタグへエネルギーを供給する電力伝送には，電磁結合方式，電磁誘導方式，電波方式の3つの方式があり，使用する周波数帯のそれぞれに対して最適な方式が使われている。電磁結合方式は，原理的に電磁誘導方式と同じであるので，本書では電磁誘導方式として説明する。

3.2.1　電磁誘導方式

1831年，イギリスの物理学者ファラデーは，円状に巻いた導線に磁束を交差させたとき，その磁束の変化に応じた大きさの起電力（誘導電流）が導線に発生し，磁束の変化が大きいほど，またその磁束を受ける導線（アンテナ）の面積が大きいほど起電力も大きくなることを発見した（→ 2.1.5項参照）。磁界エネルギーは，距離の3乗に反比例して急激に減衰し，近傍界（$\lambda/2\pi$以下の距離。λ：波長）を超えることはない。例えば，13.56MHzの$\lambda/2\pi$（λ＝約22m）は3.5mであるのに対して，2.45GHzの$\lambda/2\pi$（λ＝約12cm）は1.9cmとなり，波長が短いと十分な距離の近傍界が得られないことがわかる。このため，電磁誘導方式は，波長の長い周波数を使用するRFIDで電力伝送方式として採用されている。この方式のリーダライタは，磁界を発生させるためにループアンテナを使用する。また，RFタグは，アンテナ内に磁束を交差させ，磁界のエネルギーを得るために適したループアンテナを採用している。

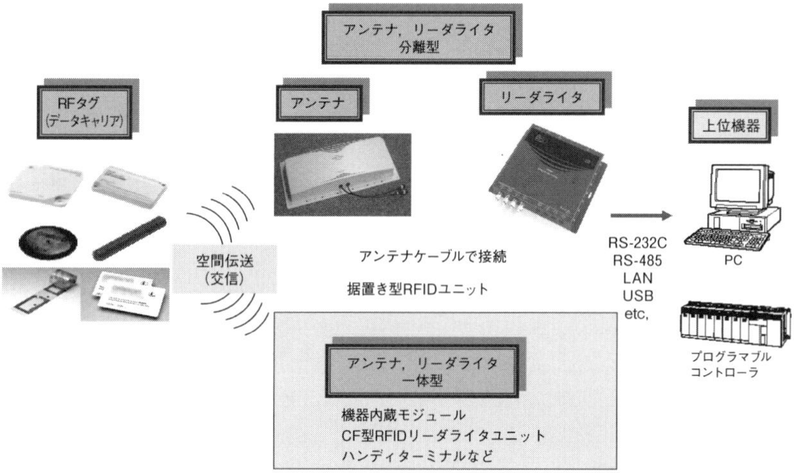

JISでは，リーダライタとタグとの無線通信をする際の距離を，交信距離と定義している。

図3.1.1　RFIDシステムの構成

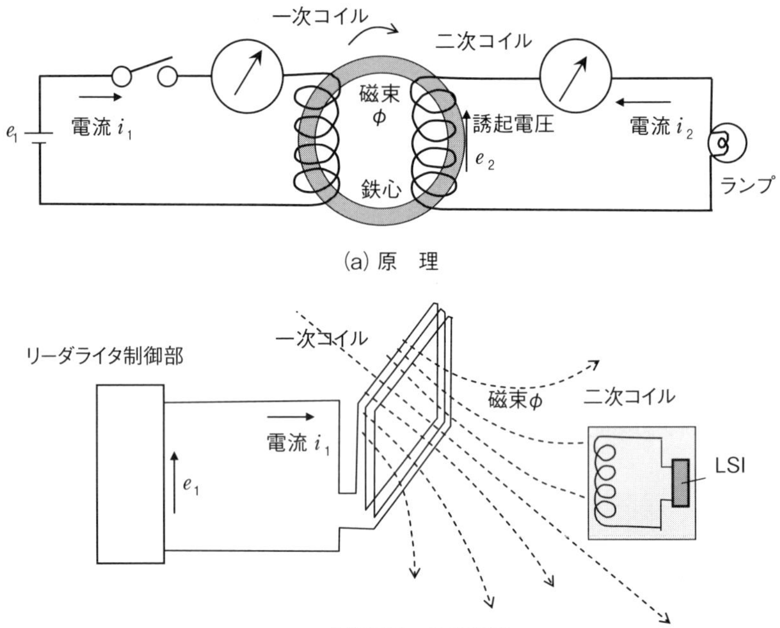

(a) 原　理

(b) RFIDへの応用例

出典：吉岡稔弘著，絵とき無線ICタグ―広がるRFIDの世界―，P.38，図2.3-1（a)，2004年10月，オーム社

図3.2.1　ファラデーの電磁誘導の法則

表3.2.1　磁界と電界

周波数	波長λ〔m〕	近傍界λ/2π〔m〕	動作モード
125kHz	2400.00	382.17	磁界
13.56MHz	22.12	3.52	磁界
433MHz	0.69	0.11	電界
920MHz	0.32	0.05	電界
2.45GHz	0.12	0.02	電界

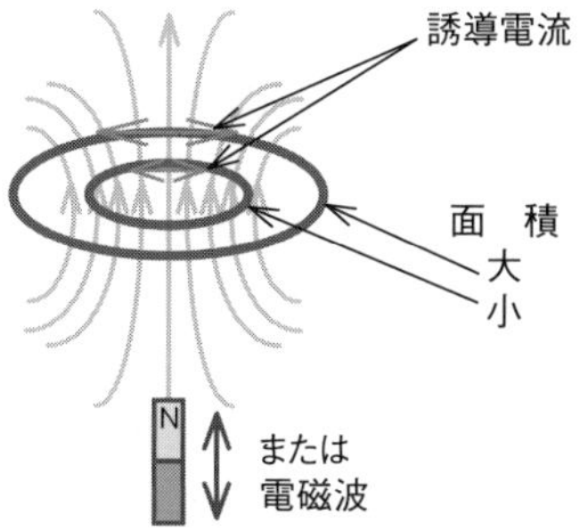

面積の大きいコイルほど,誘導電流が大きくなる

図3.2.2　電磁誘導方式の原理

3.2.2　電波方式

1888年，ドイツの物理学者ヘルツは，ヘルツ共振器を使用して発信源から離れたところで火花放電（エネルギーの移動）が起きる実験を行い，電波が空中を飛ぶことを実証した（→ 2.1.7項）。電界は，磁界と違って距離に反比例して減衰する。電界は，近傍界（$\lambda/2\pi$）を超えて飛ぶことができる。このため，十分な近傍界領域が得られない波長の短い周波数，例えば900MHz帯や2.45GHzを使用したRFIDの電力伝送は，一般に電波方式を使用する。この方式のリーダライタとRFタグには，電波の発信と受信に適した平面アンテナやダイポールアンテナなどが使用される。

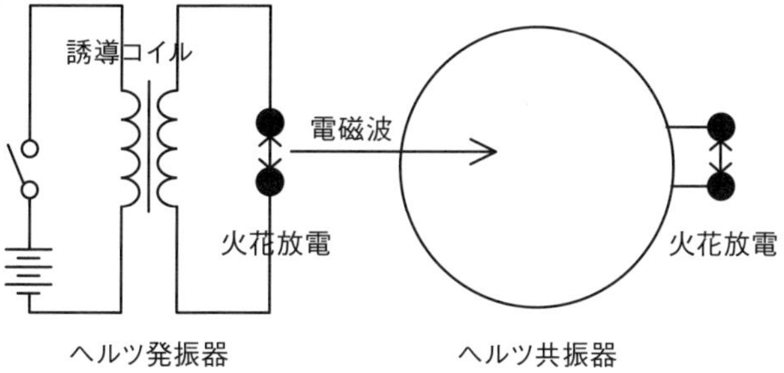

図3.2.3　ヘルツ発振器と共振器

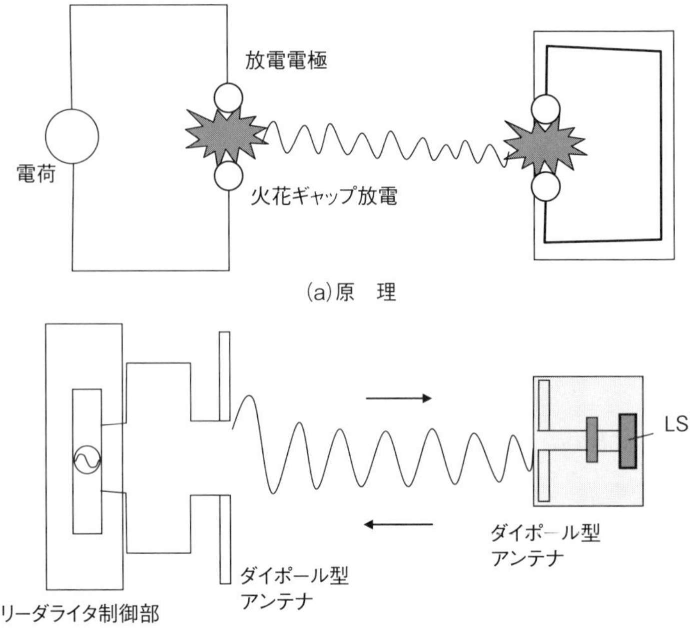

(b)RFIDへの応用例

出典：吉岡稔弘著，絵とき無線ICタグ―広がるRFIDの世界―，P.38，図2.3-1（b），2004年10月，オーム社

図3.2.4　ヘルツの火花放電による電磁波の発生

3.3　データ交信

リーダライタからRFタグへは，RFタグを制御するためのコマンドやメモリへ書き込むためのデータを符号化し，決められた変調を施した後，アンテナから空中へ送信する。RFタグは，受信した電波を復調してコマンドを理解し，その指示に従ってデータの書き込みや読み出しを行う。読み出されたデータは変調され，RFID特有の方式である後方散乱（バックスキャッタ）方式でリーダライタへ返信される。

この方式は，アンテナ端を適当な抵抗値を介して短絡し，入力した電磁波（電波）の振幅を変調されたデータに合わせて強制的に変化させるものである。振幅の変化は，RFタグのアンテナを介して空中へ反射され，このRFタグからの反射波をリーダライタが検知し，復調することで信号（データ）として解読する。

以下に，RFIDシステムで使用しているデータ交信の方法を説明する。データ交信の基本である伝送路符号化方法および変復調方法は，RFIDの固有技術ではなくデータ通信における一般的な技術である。

3.3.1 符号化と復号化

符号化は，送信する「1」「0」のデジタル情報を「H」「L」のデジタル波形に変換することである。変換されたデータを符号と呼び，符号からもとの情報へ戻すことを復号化と呼ぶ。この符号化には，情報源符号化と伝送路符号化の2つがある。

文字，画像，音声などの情報の符号化を，情報源符号化という。符号化の対象となる情報の性質に適した符号化方式を用いる。文字データの符号化には複数の規格があり，例えば，ISO/IEC 8859-1の規格では数字の「1」を「31h」（16進数の31），数字の「2」を「32h」と，2進数の8ビットで表示する。また，ISO/IEC 646の規格では2進数の7ビットで表示する。ISO/IEC 646の符号は，ASCIIコードと呼ばれている符号である。最近のコンピュータは，ISO/IEC 10646の規格を採用しており，2進数の16ビットまたは32ビットで表示している。ISO/IEC 10646は，日本の漢字を含めて世界中の言語を表示できるようになっている。

画像や音楽のようなアナログ信号は，非常にデータ量が多いため，コンピュータでデータを効率良く扱うためにはデータを圧縮する必要がある。アナログ信号を符号化する方法は，ISO/IEC JTC1 SC29で符号化方式が標準化されている。画像（静止画）は，JPEG（Joint Photographic Expert Group：SC29のワーキング名）符号，画像（動画）はMPEG（Moving Picture Expert Group：SC29のワーキング名）符号が，音声はMP3（MPEG Audio Layer3）符号などがよく使用される符号化方式である。コンピュータは，通常，8ビット（1バイト）単位でデータ処理を行うので，ほとんどの符号化方式では文字や画像などをバイト列として表現する。情報源符号化は，文字，画像や音楽などのデータをデジタルデータへ変換するものがある。われわれがデジタル放送で映画を見ているとき，その映像，音楽，音声，文字などは，情報源符号化と次に説明する伝送路符号化を経て，われわれのもとに届いている。

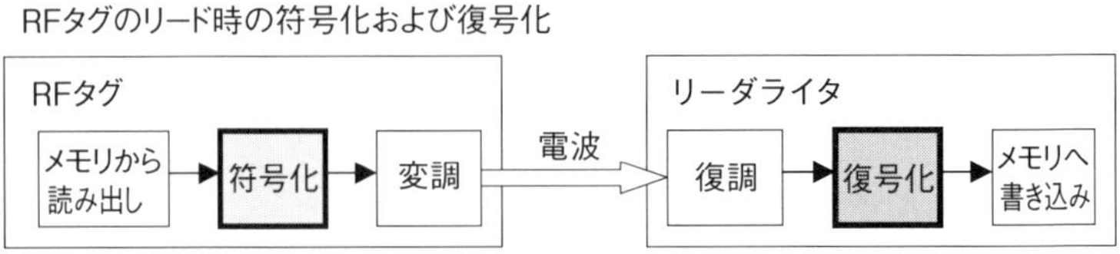

図3.3.1　符号化と復号化

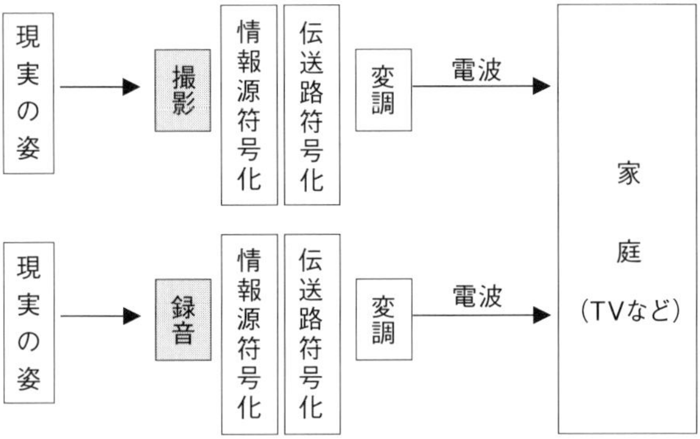

図3.3.2　符号化

表3.3.1　情報源の符号化

情報	符号化	(2進数)
文字「1」⇒ 31h		(0011 0001)
文字「2」⇒ 32h		(0011 0010)
文字「A」⇒ 41h		(0100 0001)
文字「B」⇒ 42h		(0100 0010)

(注) 符号化：ASCIIコード，シフトJIS，JPEGなどのデジタルデータ

伝送路符号化とは，情報源符号化されたデジタルデータを，情報を送る伝送路に適した形に再度符号化することである。RFタグが，リーダライタに対してデータを送信する場合を考える。リーダライタがRFタグからデータを読み出す場合，RFタグは送信する「1」「0」のデータ列を内部で作り出し，それを電波にしてアンテナから送出しようとする。このデータ列を搬送波に乗せるうえで，適当な（例えば，ノイズに強い，電波の周波数広がりが少ない，など）「H」「L」のデジタル信号の形式である伝送路符号に変換する。RFタグで使用されている代表的な伝送符号化例としては，非ゼロ復帰コード，ゼロ復帰コード，マンチェスタ符号化，ミラー符号化などがある。

(1) 非ゼロ復帰コード（NRZ：Non Return to Zero code）

非ゼロ復帰コードは，伝送路符号化としては最も基本的なものである。論理的デジタルデータ，すなわち「1」と「0」の並びをそのまま電気的デジタルデータである「H」と「L」に変換する。非ゼロ復帰コードは，簡単な仕組みでは用いられているが，電波に乗せて直接送り出す符号としてはあまり適した符号ではない。それは，「1」または「0」が連続したデータを復号化するとき，どこからどこまでがビット区間のデータ波形なのかが判別しにくいことによる。

(2) ゼロ復帰コード（RZ：Return to Zero code）

ゼロ復帰コードでは，データ「1」はビット区間の中央まで「H」となり，その後「L」に復帰する。そして，データ「0」は，ビット区間中すべて「L」である符号化である。ゼロ復帰コードでは「L」の振幅の発生確率が高くなるため，振幅偏移変調（ASK）などで，あえて「L」を振幅の大きいほうに設定すれば，電力伝送が安定する。そのため，振幅偏移変調と組み合わせて用いられることがある。

(3) マンチェスタ符号化

RFIDの符号化によく用いられるのが，マンチェスタ符号化である。マンチェスタ符号化では，データ「1」はビット区間に中央で「H」から「L」に変化し，データ「0」は「L」から「H」に変化する符号化である。必ず特定のタイミングで変化するので信号の検出が容易であり，また「H」と「L」の状態が同じ比率で出現するという特徴がある。

(4)ミラー符号化

ミラー符号化では，データ「1」は前のビットのレベル（「H」または「L」）を継続して開始し，ビットの中央で「H」と「L」が逆転する。データ「0」は，前のビットのレベルを継続し，ビットの途中では逆転しない。ただし，データ「0」が連続した場合には，ビットの開始時に逆転する。

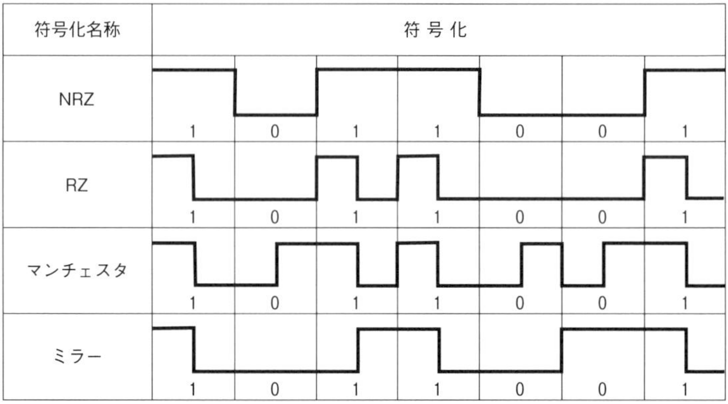

図3.3.3　伝送路の符号化

3.3.2　変調と復調

変調とは，デジタル波形を電波に乗せるためにアナログ波形に変換するものであり，復調とは，変調されたアナログ波形をデジタル波形に戻すことである（**図3.3.4**）。

以下に，主な変調方式について説明する。

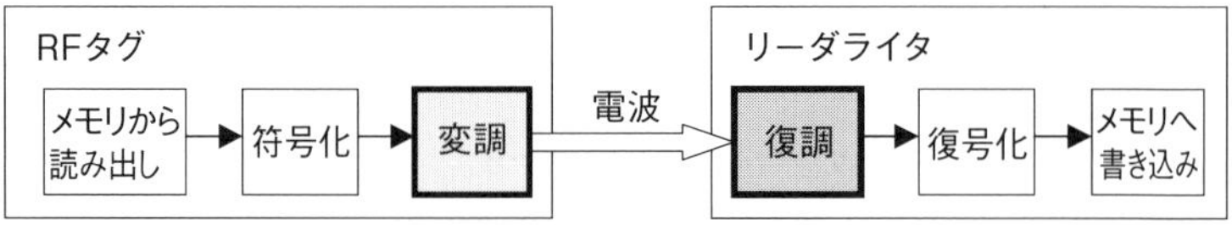

図3.3.4　変調と復調

(1)振幅偏移変調(ASK:Amplitude Shift Keying)

振幅偏移変調は，RFIDで最も多く使用されている方式である。搬送波の振幅を変化させることにより，データの「1」および「0」を表す。一例として，送信側はデータを変調して送信するとき，100%の振幅をデータ「1」，90%の振幅をデータ「0」として空中に送信する。受信側は，入力した搬送波の振幅の変化率で，データの「1」および「0」を判断（復調）する。振幅の変化率（先の例では90%）は，RFIDの規格によって決められている。一般的に小さな変化率（90%など）より大きな変化率（10%など）のほうが，信号の復調は容易になるが，RFタグへの電力伝送の観点からすると，「0」のときに振幅が小さくなってしまうので不利になる。

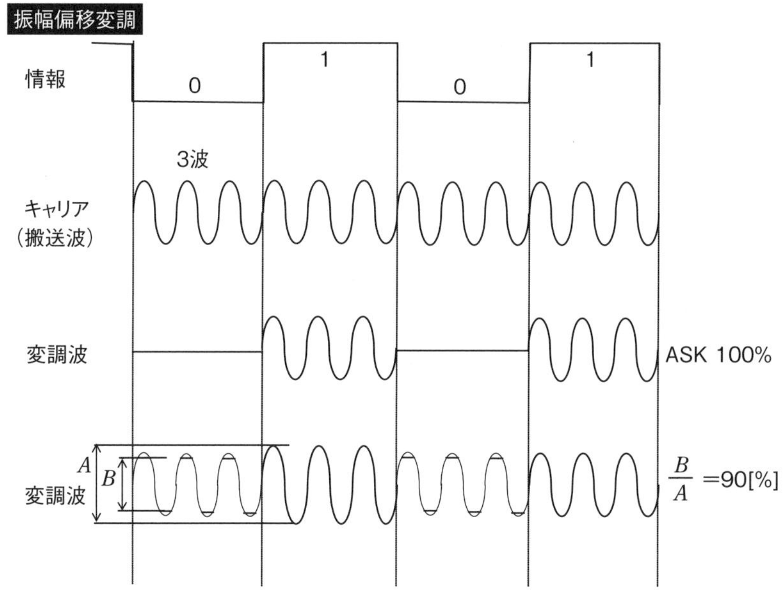

出典：吉岡稔弘著，絵とき無線ICタグ―広がるRFIDの世界―，P.52，図2.5-3，2004年10月，オーム社

図3.3.5　振幅偏移変調方式

(2)周波数偏移変調(FSK:Frequency Shift Keying)

搬送波の周波数を変化させることにより，データの「1」および「0」を表す

方式である。送信側は，データを変調して送信するとき，搬送波＋α〔Hz〕の周波数をデータ「1」，搬送波－α〔Hz〕の周波数をデータ「0」として空中に送信する。受信側は，入力した周波数の大小で，データの「1」または「0」を判断（復調）する。

(3)位相偏移変調(PSK:Phase Shift Keying)

搬送波の位相を変化させることにより，データの「1」および「0」を表す方式である。送信側は，データを変調して送信するとき，搬送波の位相を変化させることでデータ「1」，位相を変化させないことでデータ「0」として空中に送信する。受信側は，入力した搬送波の位相の変化で，データの「1」または「0」を判断（復調）する。

位相偏移変調の一種に，PJM（Phase Jitter Modulation：位相ジッタ変調）がある。位相偏移変調が位相を大きく変化させる（90度など）のに対して，PJMは小さく変化させる（数度程度）方式である。

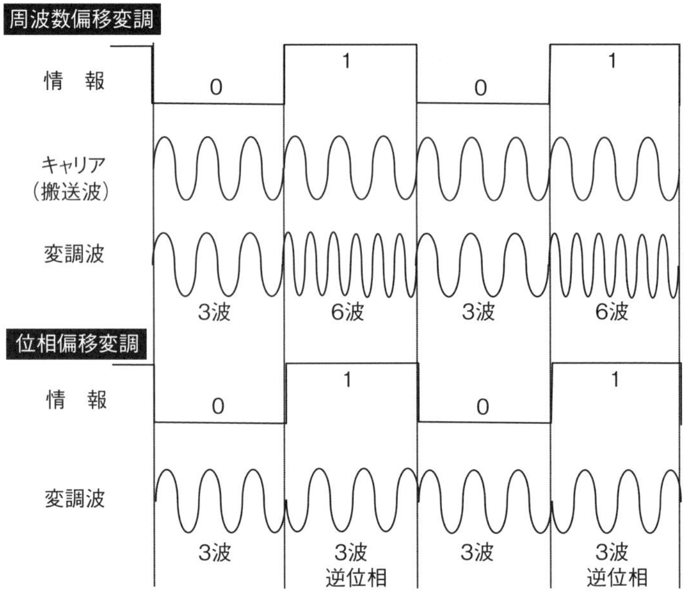

出典：吉岡稔弘著，絵とき無線ICタグ―広がるRFIDの世界―，P.54，図2.5-4，P.55，図2-5-5，2004年10月，オーム社

図3.3.6　周波数偏移変調方式と位相偏移変調方式

3.3.3 通信規則

RFIDの通信規則は，一般的な無線通信技術と少し異なっている。リーダライタとRFタグ間の固有な通信規則に関して，以下に説明する。

(1)タグトークファースト(TTF:Tag Talk First)

RFタグが，リーダライタの磁界または電界エネルギーにより，電源を得てICチップが動作を開始すると同時に，リーダライタからのコマンドを待たずに自分のユニークID（UID）などを繰り返し送信する方式をタグトークファーストと呼ぶ。この方式は，RFタグ1個との通信をすばやく行うことを想定したものである。そのため，RFタグが複数ある場合には，同時にすべてのRFタグが送信を開始してしまい衝突が発生するため，交信ができない。一部のアクティブタグでは，RFタグが自ら送信を開始してリーダライタへデータを送信する形を採用しており，これも一種のタグトークファーストといえる。

(2)リーダトークファースト(RTF:Reader Talk First)

RFタグが，リーダライタの磁界または電界エネルギーにより電源を得てもすぐに送信開始せず，リーダライタからの適正なコマンドを受信するまで待ってからRFタグが送信を開始する方式を，リーダトークファーストと呼ぶ。例えば，リーダライタから，RFタグに対して，「メモリアドレス○○番地から，××バイトのデータを読み出す」，あるいは「メモリアドレス△△番地から，ABCD……というデータを□□バイト分書き込む」といったコマンドを送り，それに対してRFタグは処理結果を返送する形態が，リーダトークファーストと理解すればよい。リーダライタが適正なコマンドでRFタグを制御することで，アンチコリジョンなどの動作も可能にしている。

3.4 アンチコリジョン（複数一括読み取り）

旧型のRFIDでは，リーダライタは同時に1個のRFタグとしか交信することができなかった。現在使用されているRFIDの多くは，アンチコリジョンの技術を使用して同時に複数のRFタグと交信できるようになっている。アンチコリジョンとは，リーダライタが自分の影響下に存在する複数のRFタグを個別に認識して，その個々のRFタグを混同しないでデータの送受信を行う機能である。衝突防止，あるいは複数一括読み取りなどと説明されることも多い。アンチコリジョンは，一般的にRFタグの中に書き込まれているユニークID（RFタグの固有IDも含まれる，**図3.4.1**）を使用して行われる。アンチコリジョンには，以下に述べる2つの代表的な方式があり，ほとんどのRFIDがこれらのどちらかを採用している。

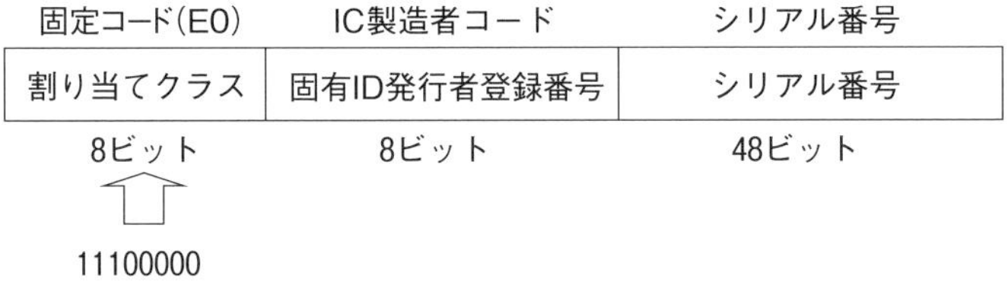

ISO/IEC15963で構成例が定められており，同一の固有IDを持つ

RFタグは存在しない　⇒　同姓同名はいない

図3.4.1　タグの固有ID

3.4.1 タイムスロット方式

タイムスロット方式は，RFタグのユニークIDを3ビットまたは4ビット単位で使用する方法である。タイムスロット方式では，リーダライタからRFタグに呼びかけを行い，条件に合わないRFタグを振るい落とすことによって，徐々に絞り込んでいく。RFタグを絞り込む過程の概要を以下に示す。

① リーダライタが，RFタグに対して，アンチコリジョンのシーケンス開始コマンドを送信する。

② リーダライタは，開始コマンド終了時から規定の時間，RFタグの反応を待つ。

この時間は，あらかじめ決められた一定間隔の時間幅（タイムスロット）の整数倍である。

③ 開始コマンドを受けたRFタグが，自分のユニークIDの下3桁（0～7）のタイムスロットに応答を返す。

④ 衝突の起きなかったタイムスロットでは，リーダライタがRFタグを個別に認識する。

衝突があったタイムスロットでは，リーダライタがRFタグの存在のみを認識する。

⑤【衝突があった場合のみ】リーダライタが再度開始コマンドを送信する。

⑥ RFタグは，自分のユニークIDの下3～5ビットで示されるタイムスロットに応答を返す。

⑦ このシーケンスをすべてのタイムスロットで，衝突が起きなくなるまで繰り返す。

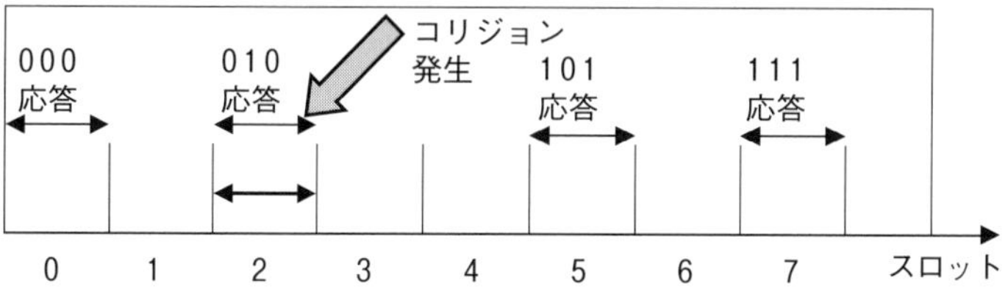

ユニークIDの下0～2ビット

～000　スロット0に返信

～010　スロット2に返信 ⇒　ダブリが生じた場合，再度タイムスロットを実施。

～101　スロット5に返信　　ダブったタグは，ユニークIDの下3～5ビット

～111　スロット7に返信　　のタイミングで返信を行う。

図3.4.2　タイムスロット方式（1）

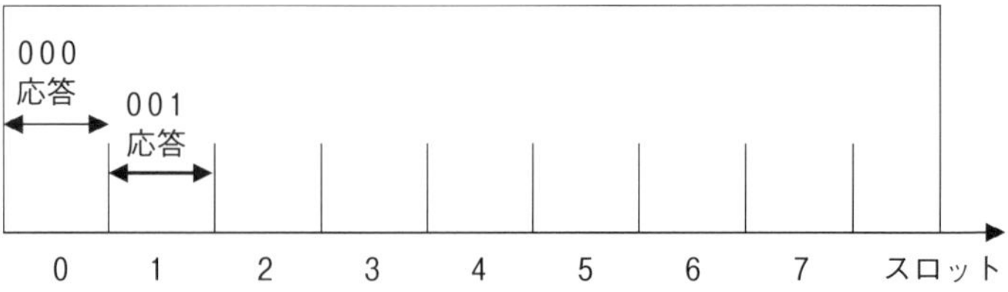

ユニークIDの下3～5ビット
～000010　スロット0に返信
～001010　スロット1に応答

図3.4.3　タイムスロット方式（2）

3.4.2　ビットコリジョン(バイナリーツリー)方式

ビットコリジョン方式は，特定の条件に合うRFタグのみに対してリーダライタから呼びかけを行い，条件に合わないRFタグを振るい落とすことによって，徐々に絞り込んでいく方法である。読み取り範囲内のRFタグが少ない場合には，ほかの方式よりも短時間で読み取りができるが，RFタグが多い場合には時間がかかる。ただし，時間はかかるが，確実にすべてのRFタグを処理できることが大きな特徴である。このため，RFタグが多い場合にも確実に複数一括読み取りを実行する必要があるシステムを構築する場合に適している。

ビットコリジョン方式でRFタグを絞り込む過程の概要を以下に示す。

① リーダライタが，ユニークIDの下1桁目が「1」のRFタグのみに対して返信するようにコマンドを送信する。

② 下1桁目が「1」のRFタグのみが，リーダライタに返信する。

③ 下1桁目が「1」のRFタグが1個だけであった場合，リーダライタがそのRFタグと交信を開始する。
下1桁目が「1」のRFタグが多数存在する場合，衝突が起こり，リーダライタはRFタグが複数存在することを認識する。

④ リーダライタが，ユニークIDの下1桁目と下2桁目双方が「1」のRFタグのみに対して，返信するようにコマンドを送信する。

⑤ このシーケンスをRFタグが1個になるまで繰り返し，1個を選択した後，交信を開始する。

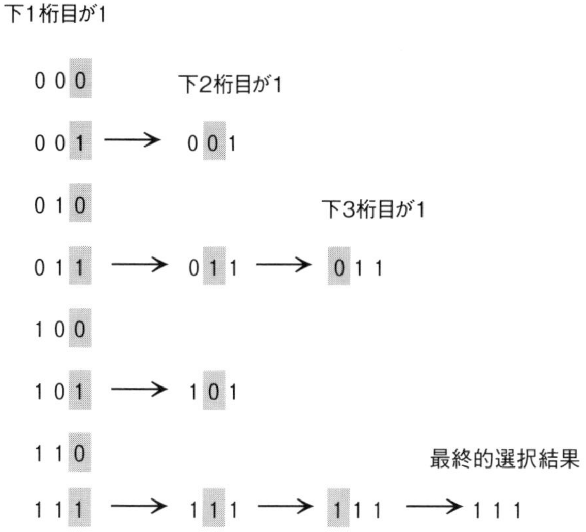

図3.4.4　ビットコリジョン方式

第4章

RFタグ

本章では，RFタグを構成しているインレットや用途に適したさまざまなタグの外装，使用しているアンテナなどの構成品について詳細に説明する。

4.1 RFタグの分類

RFタグは，アクティブタグ，パッシブタグ，セミパッシブタグに分類される。

4.1.1 アクティブタグ

アクティブタグは，電池を内蔵してその電力を送受信や内部回路の電源として使用し，電波法上「無線局」として扱われる。アクティブタグは，リーダライタからの供給電力に依存しないので，交信距離が100m以上に及ぶ製品もある。特定小電力無線局（1mW以下または10mW以下）のものは433MHz帯のコンテナ管理用RFタグとしてすでに使用されており，電波法令の改正により，2008年5月には950MHz帯のアクティブタグも特定小電力無線局として使用可能となった。また，2012年7月の周波数再編では，特定小電力無線局の周波数が950MHz帯から920MHz帯に変更され，250mWまで出力が緩和された920MHz帯の簡易無線局が新設された。さらに，2017年9月には簡易無線局が陸上移動局へ変更となった。433MHz帯および920MHz帯以外で国内市場に出回っているアクティブタグの大部分は，免許取得や登録の不要な微弱無線局対応の製品である。

4.1.2 パッシブタグ

パッシブタグは，リーダライタから電力を伝送してもらうので内部に電池を持たない。パッシブタグは，電力伝送によってデータ送受信，データ処理（メモリのリード，ライトなど），動作制御（複数一括読み取り）などの動作を行う。基本的にICチップ1個とアンテナのみの構成となるため，アクティブタグより低価格になる。リーダライタから伝送されてくる搬送波をICチップの中で整流して自らの電源にしているため，リーダライタの交信範囲外に離れると動作を停止する。また，自ら電波を発射しないので，電波法令上の無線設備には該当せず，無線設備以外の設備として取り扱われる。

4.1.3 セミパッシブタグ(バッテリーアシストパッシブタグ)

セミパッシブタグは，パッシブタグにセンサ機能などを搭載したタグである。セミパッシブタグは電池を内蔵しているが，センサの電源として使用するためのものであり，タグの機能（例えば交信）には使用しない。

4.2 RFタグの構成

アクティブタグやセミパッシブタグは内蔵電池の厚みがあり，タグの基材として紙やプラスチックカードを用いることは困難である。したがって，一般の電子制御回路と同じように厚みのある箱形のケースに収納される。

パッシブタグは，紙やプラスチックカードのような基材（外装）とインレットの2つの要素で構成される。インレットは，ICチップとアンテナを接続したもので，インレーとも呼ばれている。インレットは，基本的にICチップとアンテナの2つの部品で構成されるが，135kHz未満の周波数を使用する製品では，アンテナの同調周波数を調整するための同調用コンデンサが含まれることがある（**図4.2.1**）。

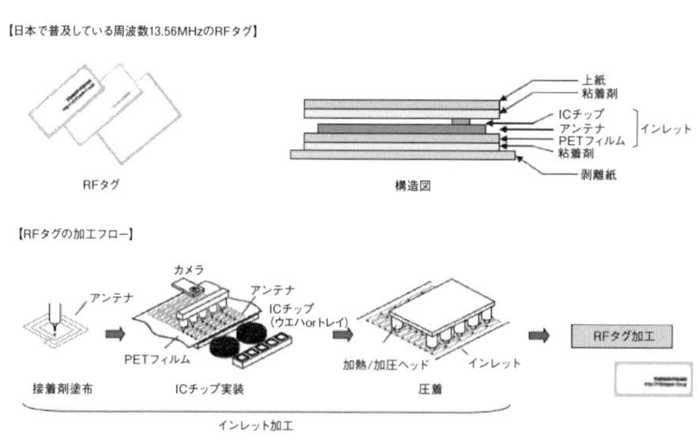

図4.2.1 RFタグの構成

4.2.1　インレット

RFタグで使用されている代表的なインレットを，以下に説明する。インレットは，アンテナの製造方法によって大きく2つに分類できる。

(1) 巻線アンテナ

巻線アンテナにICチップを接続したインレットである。ICチップが小さいため，現在の技術では巻線（例えば銅線）とICチップを直接接続することができない。PET（ポリエチレンテレフタラート）フィルムやガラスエポキシ樹脂に，ICチップ接続用端子と巻線アンテナ接続用端子を形成した小形のPETフィルムやガラスエポキシ樹脂（小インレットと仮称する）を使用する。巻線アンテナインレットは，小インレットと巻線アンテナを接続した構造である。巻線の製造用治具を変えることにより，同じ製造機で多様なアンテナを製造できるが，小インレットとアンテナとの接続は自動化できないため，巻線アンテナインレットは大量生産しにくい。

フェライトなどを心棒にして巻線アンテナを製造することで，指向性を持ったアンテナを製造することも可能である。フェライトを心棒にした巻線アンテナは，薄くすることは困難だが小さくすることは可能なため，これをガラス管に封入したタイプのRFタグは，古くから家畜管理用として使用されている（**図4.2.2**）。

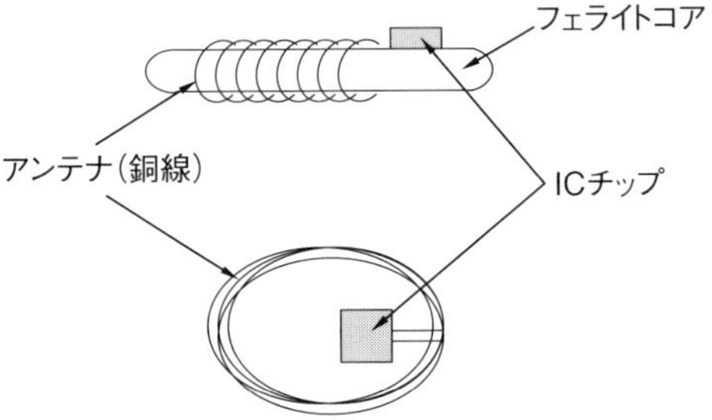

図4.2.2　巻線アンテナインレット

(2)エッチング／印刷(フィルムタイプ)アンテナ

インレットで最も多く使用されているアンテナである。PETフィルムなどの上にアンテナとICチップを多数個取りし，アンテナをエッチングや印刷手法で生成できるので，大量生産が可能である。インレットに厚みが出ないため，紙やPETフィルムを表装したラベルタイプや，ラミネート加工したカードタイプを実現できる（**図4.2.3**）。ループアンテナをエッチング／印刷すれば電磁誘導方式に，ダイポールアンテナをエッチング／印刷すれば電波方式にできる。ただし，電磁誘導方式でも低い周波数（135kHz未満）の場合には，ループアンテナの巻数が多くなって精密加工が必要になるので，コスト的な観点から採用されることは少ない。

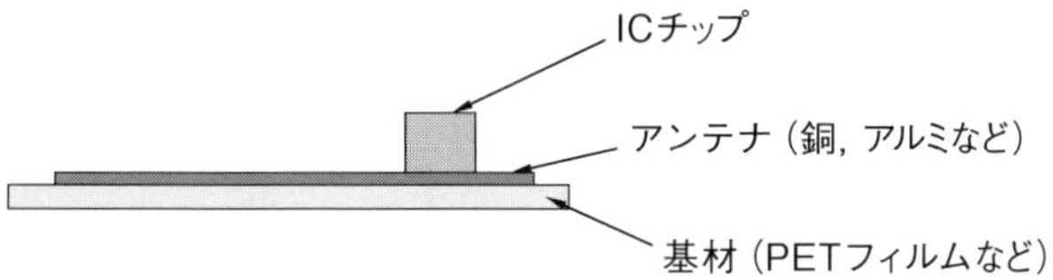

図4.2.3　エッチング／印刷アンテナインレット

4.2.2　RFタグの基材(外装)

RFタグは，インレットのまま使用する場合もまれにはあるが，アプリケーションで必要な形状に加工して使用するのが一般的である。代表的な例を**図4.2.4**に示す。

(1)ラベルタイプ

インレットをラベル状基材に成形したRFタグで，段ボールなどに貼り付けて使用する。UHF帯RFタグは，アパレル店舗の商品管理を中心に使用されており，物流用途など，今後，ラベルタイプの使用増加が見込まれている。135kHz未満の周波数ではアンテナの厚みが大きくなってしまうため，ラベルタイプは13.56MHz以上の周波数に限られる。ロール状に巻かれているラベルタイプのRFタグに，専用のラベルプリンタで表面に文字やバーコードを印刷し，RFタグにデータを書き込む。

インレット形（モジュール形）	ラベル形	カード形	角　形

円板形	円筒形	球　形	箱　形（電池内蔵）
		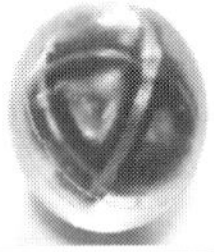	

図4.2.4　RFタグのインレットの加工例

図4.2.3のような場合は，PETフィルム上にアンテナおよびICチップ取り付け部をエッチング／印刷技術を用いて生成する。取り付け部にあらかじめ接着剤を塗布してICチップを正確な位置に実装し，その後，温度と圧力をかけてICチップとアンテナの接続を行っている。インレット単体でも，リーダライタとの交信が可能である。インレットの両面に粘着剤を塗布し，下面には剥離紙を取り付ける。上面には，紙やPETフィルムを取り付けるが，その表面に目視情報を印刷するのが一般的である。目視情報の共通部分（社名，ロゴマークなどの情報）は，先に紙に印刷しておくこともできるが，ラベル固有の情報（日付，貼付対象物の情報）はラベル発行時にラベルプリンタによって印刷することが多い。

(2)カードタイプ

インレットをPETフィルムなどでラミネートし，カード状に成形したRFタグで，主に人が携帯して使用する（**図4.2.5**）。従来から使用されているカード状のデータキャリア（磁気カード，ICカード）などの製造設備やカード印刷機などの設備を流用して，製造，加工する。文字や顔写真を表面に印刷し，身分証明書，社員証，交通用プリペイドカード，入退出管理，PCログインなどの用途で使用されている。

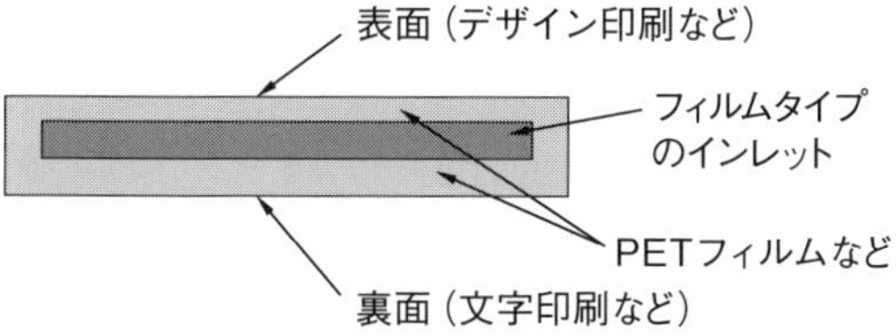

図4.2.5　カードタイプの構成

(3) モールド（埋め込み）タイプ

インレットを硬質樹脂，軟質樹脂，紙，ガラスなど，金属以外のさまざまな材料にモールド（埋め込み）成形したタイプである（**図4.2.6**）。耐熱用材料にモールドしたものが耐熱用RFタグに用いられたり，フェライトコアを芯にして巻線アンテナを巻いたインレットをガラス管や樹脂にモールドしたものが家畜用のインプラントRFタグに用いられたりしている。

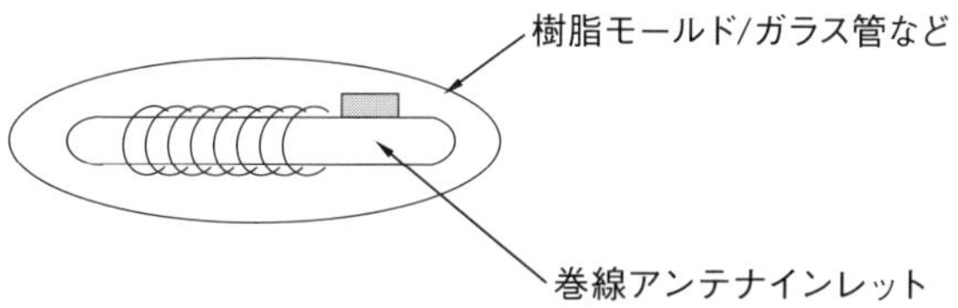

図4.2.6　モールドタイプの構成

4.3　RFタグの構成要素

パッシブタグのインレットは，アンテナとICチップから構成される。アクティブタグは，アンテナとICチップに電池を加えた，より無線機に近い構成になる。セミパッシブタグは，パッシブタグのインレット，電池，その他の電子回路（例えばセンサ回路）から構成される。ここでは，基本的な構成要素であるアンテナとICチップについて述べる。

4.3.1　アンテナの種類

アンテナは，リーダライタから伝送されてくる電力およびコマンドやデータを送受信する部分である。使用するRFタグ用アンテナは，搬送波の周波数に同調している必要があり，13.56MHz用のアンテナを135kHz未満用に使用することはできない。電磁誘導方式は，磁界のエネルギーを得やすいループアンテナ（→5.1.8項（1）参照）を使用し，電波方式は電界のエネルギーを得やすいダイポールアンテナ（→5.1.8項（2）参照），平面アンテナ（→5.1.8項（3）参照）などを使用する。

(1)巻線

銅線やアルミ線などをコイル状に巻いたアンテナである。磁界のエネルギーを送受信するのに適しており，13.56MHz以下の電磁誘導方式のリーダライタおよびRFタグに使用されている。433MHz帯以上の周波数を使用する電波方式のリーダライタおよびRFタグ用アンテナとしては使用されない（→4.2.1項（1）参照）。

(2)エッチング

PETフィルムやガラスエポキシ樹脂などの基材の上にアルミ箔や銅箔を貼り付け，アンテナとICチップ取り付け用パターンをエッチング加工で残したものである。エッチングパターンをループアンテナ状にすれば13.56MHzのアンテナ（数ターン程度）として使用できるが，135kHz未満のアンテナ（100ターン以上）にするには精密な加工が必要で，高価格になる。一般的には，ダイポールアンテナ状にエッチング加工し，電波方式用として433MHz帯や900MHz帯以上の周波数で使用する（→4.2.1項（2）参照）。

(3)印刷

PETフィルムや紙などの基材の上に，導電性のインク（銀ペーストなど）でアンテナパターンを印刷したものである。導電性インクは銅やアルミより抵抗値が大きいため，厚く印刷する必要があり，厚さの均一性を保つことが各製造業者のノウハウになっている。電磁誘導方式と電波方式の両方に使用できるが，アンテナ形状が単純であるため，電波方式のほうがより適している（→ 4.2.1項（2）参照）。

4.3.2 ICチップの構造

ほとんどのRFタグは，1個のICチップを使用しており，その中に必要な回路のすべてが搭載されている。ICチップはおおむね次に説明する回路で構成されている（**図4.3.1**）。

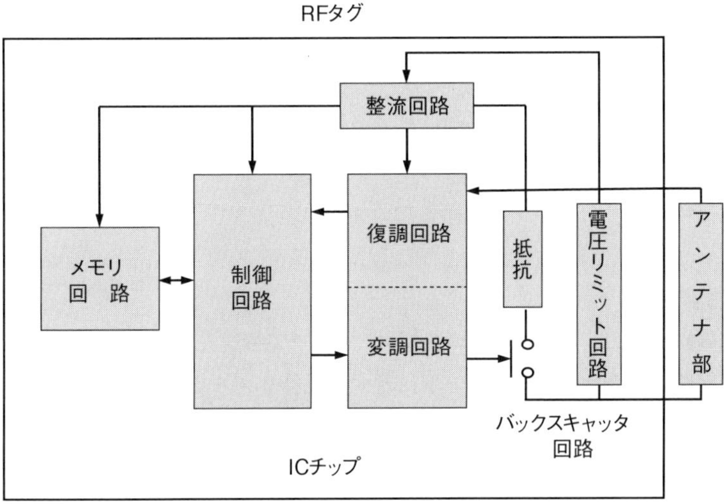

図4.3.1　ICチップのブロック図

(1)電圧リミット回路

RFタグは，リーダライタのすぐ近くから最大交信距離までの範囲で動作する必要がある。アンテナへの入力は，ICチップが動作するぎりぎりの小さな入力から過大な入力まで変化する。電圧リミット回路は，過大な入力から内部回路（ICチップ）を保護するための回路である。過大な入力の余剰部分を熱に変換し，外部へ放出することで内部回路の破壊を防止している。電圧リミット回路がない場合，RFタグを高出力のリーダライタの直近まで近づけると，内部回路が破壊されることがある。

(2)整流回路

RFタグのアンテナ入力は交流であるが，RFタグのICチップは直流で動作する。整流回路は，アンテナに入力した交流を直流に変換し，RFタグのすべての回路に電源を供給する。パッシブタグでは，リーダライタからの距離によって得られる直流電圧が変動するため安定して動作させることが難しく，ICチップ製造業者ごとに技術を発揮して製造している。

(3)復調回路

復調回路は，リーダライタから入力される搬送波に重畳されたコマンドやデータを「1」または「0」の信号列に戻す回路である。復調された信号列は制御回路へ送られ，リーダライタからのコマンドに従ってRFタグの動作を実行する。振幅偏移変調（ASK）では，搬送波の振幅の変化率で「1」と「0」を表す。

(4)変調回路

変調回路は，リーダライタへ送信するデータで搬送波を変調する回路である。制御回路から受け取ったコマンドに対する返答やメモリ内のデータで変調した搬送波を，アンテナからリーダライタへ送信する。

(5)制御回路

制御回路は，リーダライタとの送受信，複数一括読み取り，内部メモリへのリード／ライトなど，RFタグ内のすべての動作を制御する回路である。パッシブタグでは電力供給が安定して得られないため，制御回路はCPUのような大規模回路（消費電力が大）ではなく，必要最小限の論理回路で構成することが多い。暗号化機能，セキュリティ機能，プライバシー保護機能，大容量のメモリ回路などを有するRFタグは，制御回路規模と所要電力が大きく，その代償として交信距離が短くなる。電池を内蔵しているアクティブタグでは，CPUを使用している製品もある。

(6) メモリ回路

ICチップ内にはメモリ回路があり，タグの固有IDを製造業者が書き込むメモリ領域が含まれている。使用者では，タグの固有IDの読み出しはできるが書き換えはできない。使用者が自由に読み書きできるメモリ領域もあり，アプリケーション側で自由に読み書きできる。タグの固有IDの領域だけを持つ製品から，使用者が書き込み可能な数キロバイトの大きなメモリ領域を併せ持つ製品まで，さまざまな製品が存在している。

4.4 メモリの種類

パッシブタグはリーダライタからの小電力のみで動作するため，消費電力が低く，供給電力がなくなった（リーダライタから離れた）ときにもデータを保持できるタイプのメモリを使用している。RFタグに適したメモリのいくつかを，以下に説明する（**表4.4.1**）。メモリのあるビットを「1」にすることを書き込み，「0」にすることを消去，メモリからの読み出しをリード，書き換え（書き込み，消去の両方が可能）をライトと表現する（→ 2.5.4項参照）。

表4.4.1　RFタグ用メモリの分類例

項目	リードオンリー型（RO）	ワーム型（WORM）	リード／ライト型（R/W）		
メモリ種類	EPROM	EEPROM	EEPROM	FeRAM	SRAM
機能	製造業者でデータ書き込み。使用者は書き換え不可	使用者で1回書き込み	使用者で自由に書き換え	使用者で自由に書き換え	使用者で自由に書き換え。電池あり
メモリ容量	数十ビット	数十～100ビット	数十ビット～数キロバイト	数十ビット～数キロバイト	数十ビット～数キロバイト

4.4.1　EPROM(Electrically Programmable Read Only Memory)

書き込みを1回だけすることができ，再書き込みや消去ができない。ICチップまたはRFタグの製造時に製造業者がメモリ内にデータを書き込み，使用者はリードオンリーで使用する。タグの固有IDのみを用いるアプリケーションで使用される。

4.4.2　EEPROM(Electrically Erasable and Programmable Read Only Memory)

書き込み，消去を繰り返し行うことができ，また，電力供給がなくなった後でもデータを保持できる。使用者が自由にデータをライトすることが可能である。書き込んだ後，再書き込みを禁止することもできる（ワーム型）。現在，RFタグで最も多く使用されている。記憶保持可能な環境温度も高く，リード回数には制限はないが，ライト回数には制限（10万回程度）がある。リードに比較してライトは所要時間が長いこと，および消費電力が大きいことが短所である。消費電力が大きいため，ライト時には交信距離が短くなる。

4.4.3　FeRAM(Ferro electric Random Access Memory)

書き込み，消去を繰り返し行うことができ，電力供給がなくなった後でもデータを保持できる。強誘電体を使用しているため，EPROMおよびEEPROMと比較すると，高速リード／ライトが可能であり，かつ消費電力が少ない。また，リードとライトの消費電力が同じであるため，リード時とライト時で交信距離に差が出ない。省電力，高速化の点で優位性を持つ。

4.4.4　SRAM(Static Random Access Memory)

書き込み，消去を繰り返し行うことができるが，電力供給がなくなると，記憶内容を保持できない。アクティブタグで使用されている。高速リード／ライトが可能で，大容量メモリの搭載が可能である。内蔵する電池の寿命によって，RFタグの寿命（電池交換を含む）が左右される。

第5章

リーダライタ

ここでは，まずリーダライタの基本的な回路の構成要素の動作と機能を説明し，次に，電波法令に規定されている周波数ごとの送信出力について述べる。

さらに，リーダライタの代表的な形状について説明し，最後に，必要な免許，技術基準の概要を述べる（→ 詳細は，第6章を参照）。

5.1　リーダライタの構成

5.1.1　概要

図5.1.1に，リーダライタのブロック図を示す。リーダライタは，上位機器（PC，制御機器など）とRS232C，RS422，USB，有線LAN，無線LANなどのインタフェースを用いて，コマンドやデータを通信する。RFタグとはアンテナを用いて定められた周波数の搬送波を使用して交信する。送信データは，制御回路で符号化して変調回路で変調された後，送信回路を経由してアンテナへ送られる。受信データは，アンテナから入力されて復調回路で復調し，制御回路で復号化される。

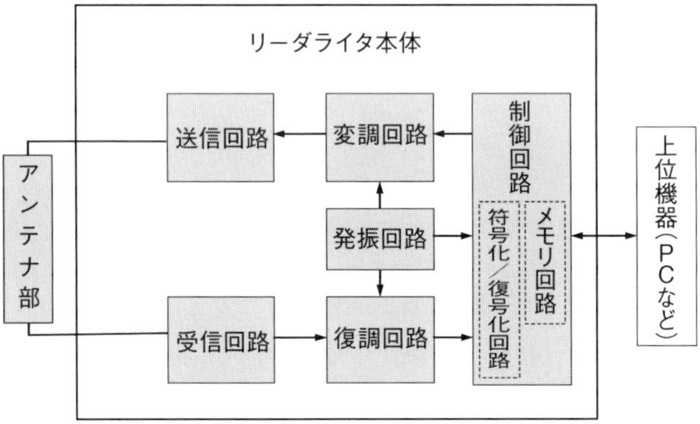

図5.1.1　リーダライタのブロック図

5.1.2　発振回路

発振回路は，交信に必要な搬送波を作り出す回路である。通常は，水晶発振子などを用いて正確な周波数で発振させる。高い周波数を発振させ，それを分周することで，使用する搬送波（13.56MHzなど）との同期信号（クロック）を作り出す。各種回路の動作タイミングは，すべてこの同期信号に同期して行われる。

5.1.3　制御回路

制御回路は，上位機器との通信制御，RFタグとの交信制御など，あらゆる制御を行う。RFタグへ送信する符号化されたコマンドやメモリへ書き込むためのデータなどを，必要なタイミングで変調回路へ出力する。また，復調回路から入力されたRFタグからの返信やメモリデータなどを復号化して，上位機器に通信する。制御プログラムやアプリケーション用データを格納するメモリ回路も制御回路に含まれている。

5.1.4　変調回路

変調回路は，制御回路から送られてくるコマンドやデータを発振回路で生成された搬送波に重畳して変調し，送信回路へ送信するための回路である。RFIDでは，振幅偏移変調，周波数偏移変調，位相偏移変調など，さまざまな変調方式がある（→ 図3.3.5，図3.3.6）。

5.1.5　送信回路

送信回路は，変調回路から送られてくる搬送波に，重畳されたコマンドやデータをアンテナに送信するための回路である。信号を増幅するための増幅回路，不要な周波数を減衰させて送信すべき周波数のみを通過させるフィルタ回路から構成される。

5.1.6　受信回路

受信回路は，アンテナを経由して入ってくるRFタグからの微弱な搬送波を受信するための回路で，不要なノイズをカットする。不要なノイズを，次に渡す復調回路に混入させないことが重要である。受信回路の性能により，復調時のエラー発生率が左右される。必要な信号のみを通過させるフィルタ回路と，入力信号のみを増幅する増幅回路から構成される。

5.1.7　復調回路

復調回路は，受信回路から入力したRFタグからのコマンドやデータを復調して制御回路へ渡す役割を担う。変調回路でのRFタグの変調方式に従って，コマンドやデータを復調する。

5.1.8　アンテナ

リーダライタから空中へRFタグへの供給電力やコマンド信号を送出したり，RFタグからのデータを受信したりするために，アンテナが用いられている。アンテナは，使用する周波数により，その形状が異なっている。135kHz未満および13.56MHzの低い周波数を使用する電磁誘導方式のリーダライタでは，ループアンテナを使用する。433MHz帯，900MHz帯および2.45GHz帯の高い周波数を使用する電波方式のリーダライタでは，ダイポールアンテナや平面アンテナ，八木・宇田アンテナを使用する。

4.2.1項ではRFタグのアンテナについて加工方法から分類したが，本項ではリーダライタのアンテナを形状および機能に分類して説明する。

(1)ループアンテナ

電磁誘導方式では，交流磁界を発生させるためにループアンテナを用いる。RFタグ用のループアンテナは，細い銅線をコイル形状に巻いたもの（巻線アンテナ），アルミや銅などを箔状にしたものをエッチング加工したもの（エッチングアンテナ）を用いる（→ 4.2.1項参照）。リーダライタ用のループアンテナは，銅線やアルミ線をループ状に巻いたアンテナである（巻線アンテナ）。リーダライタのアンテナは，高出力を要求されるため，太い銅線を使用したり銅箔やアルミ箔より厚みのある金属材を使用したりしている。周波数が低いほどアンテナの巻数が多く必要になり，135kHz未満用のアンテナでは数十～百数十回以上の巻数，13.56MHz用のアンテナでは数回程度の巻数が必要である（→

3.2.1項参照)。

(2) ダイポールアンテナ

ダイポールアンテナの大きさ（長さ）は，使用する周波数の波長に比例するので，高い周波数のアンテナほど小さい（短い）アンテナになる（**図5.1.2**）。ダイポールアンテナでは，直線偏波方式の信号の送受信が可能である。直線偏波方式では，リーダライタからの電波の振動方向にRFタグのアンテナの向きを合わせる必要があり，運用時にはアンテナの設置方向を調整する必要がある(→ 3.2.2項参照)。

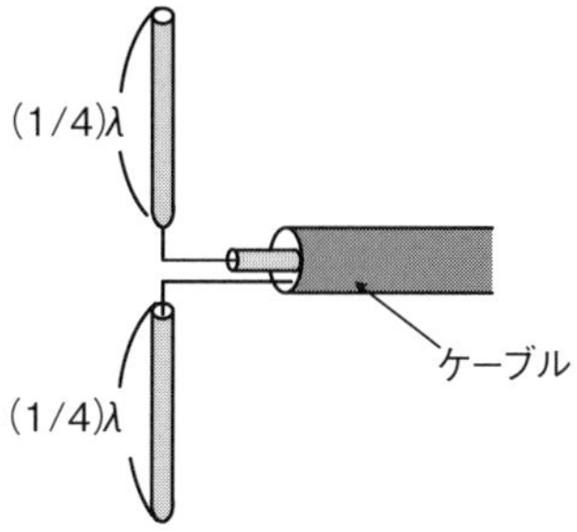

図5.1.2　ダイポールアンテナ

(3) 平面アンテナ

平面アンテナは，軽量かつ小型で，円偏波方式または直線偏波方式の送受信が可能である。

円偏波方式では，リーダライタからRFタグに対して，電波の電界の方向が回転しながら進行するため，リーダライタとRFタグ双方のアンテナの向きがタグの長手方向に向いている場合を除き，どのような方向関係になっても読み取りが可能である。

直線偏波の場合，リーダライタとRFタグのアンテナの偏波面が同じときに，出力や形状などの条件が同一であれば，円偏波方式に比べて交信距離を長くすることができる（**図5.1.3**）。平面アンテナの代表例としてパッチアンテナがある（**図5.1.4**）。

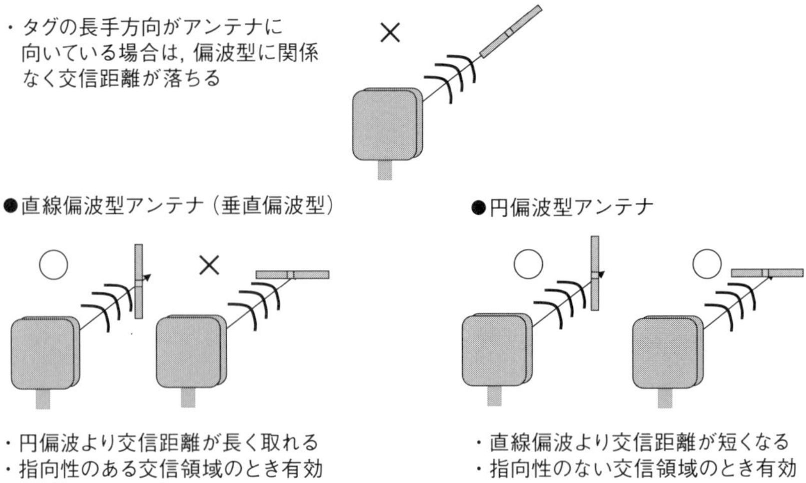

図5.1.3　直線偏波と円偏波

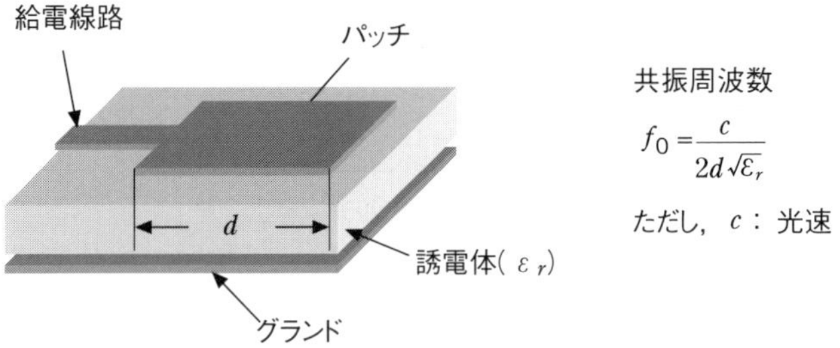

図5.1.4　パッチアンテナの基本構造と共振周波数

(4) 八木・宇田アンテナ

八木・宇田アンテナ（以下，八木アンテナという）は，簡単な構造であるが高性能であり，世界中のテレビ用アンテナとして採用されている（**図5.1.5**）。八木アンテナは強い指向性を有していることが大きな特徴である。導波器の方向に利得（指向性）が高くなっており，導波器を増やすことでアンテナの利得を上げることができる。ハンディタイプのリーダライタには，八木アンテナを使用している機器もある。

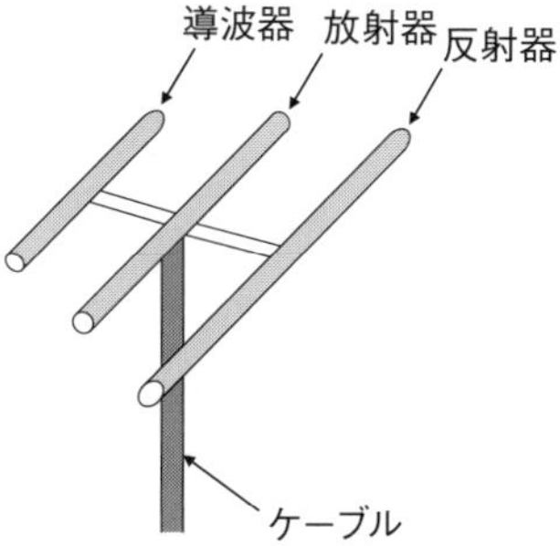

図5.1.5　八木アンテナ

(5) アンテナの交信範囲

アンテナは指向性も重要であるが，使用する周波数が高くなればなるほど，交信範囲はビームのような細長い形に狭まる。**図5.1.6**のように，135kHz未満および13.56MHzでは，おわんを横にしたような形のサイドに広い範囲まで交信範囲が広がっている。周波数が高くなると左右の広がりは狭くなり，900MHz帯ではラグビーボールのような形状の交信範囲，2.45GHzではビームのような鋭い形状になっている。

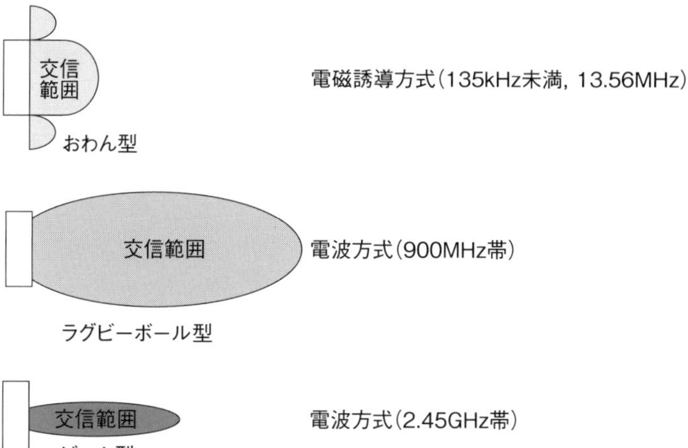

図5.1.6　周波数ごとのアンテナ交信範囲

5.2 リーダライタの出力と法規制

5.2.1　135kHz未満

アンテナから$\lambda/2\pi$（波長λを6.28で割った距離）離れた地点の電界強度が15μV/m以下の場合，電波法令上「高周波利用設備　誘導式通信設備」の扱いになり，設備の免許や運用する使用者の免許取得が不要である。125kHzの場合，λは2400mであり，$\lambda/2\pi$はアンテナから約382m離れた地点となる（→6.2.1項参照，**表5.2.1**）。

表5.2.1　135kHz未満の規定

国／地域	規格	参照ドキュメント
アメリカ	電界強度 2400μV/m/F〔kHz〕at 300m	FCC 15.209
ヨーロッパ	磁界強度 66dBμA/m（135kHz）at 10m	EN 300 330-1 V1.8.1 (2015.03)
日本	λ（波長）/2πの距離で， 電界強度15μV/m以下	電波法 （高周波利用設備　誘導式通信設備）

5.2.2　13.56MHz

以前は，この周波数のRFIDが「構内無線局」の扱いになっており，使用者は運用免許の取得が必要であった。しかし，2002年に電波法が改正され，アンテナから10m離れた地点の電界強度が，47 544μV/m以下の設備を使用する場合であれば運用する使用者の免許取得が不要になった（→6.2.2項参照，**図5.2.1**，**表5.2.2**）。ただし，製造業者は，設備が電波法令に定められている誘導式読み書き通信設備に適合していることを証明する必要がある。

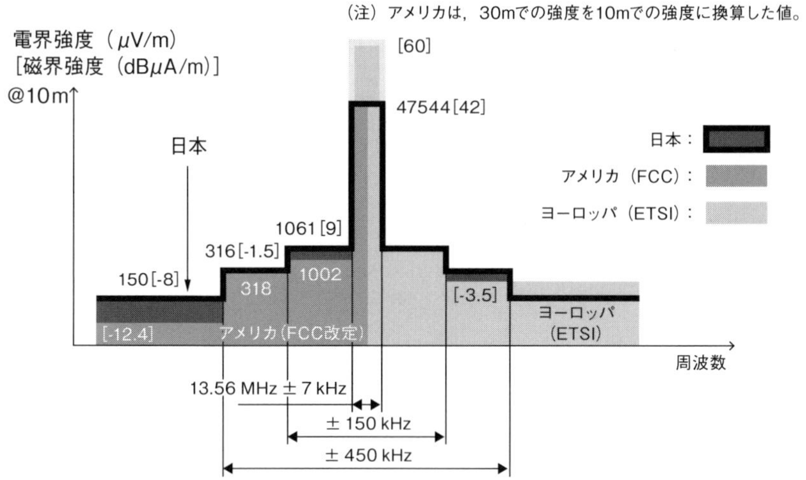

図5.2.1　13.56MHzの規定

表5.2.2　13.56MHzの規定

国／地域	規格					参照ドキュメント
	13.56MHz ±7kHz	13.56MHz ±150kHz	13.56MHz ±150kHz以外	13.56MHz ±450kHz	13.56MHz ±450kHz以外	
アメリカ	15 848μV/m@30m	334μV/m@30m	–	106μV/m@30m	30μV/m@30m	FCC 15.225 FCC 15.209
ヨーロッパ	60dBμA/m@10m	9dBμA/m@10m	−3.5dBμA/m@10m	–	–	ETSI EN 300 330-1 V1.8.1 (2015.03)
日本	47 544μV/m@10m	1 061μV/m@10m	–	316μV/m@10m	150μV/m@10m	電波法 ARIB STD-T82

5.2.3　2.45GHz帯

出力が10mWまでのRFIDは，電波法令上「特定小電力無線局」の扱いになり，製造業者は設備が電波法令に定められている技術基準に適合していることを証明する必要がある。技術基準適合証明を得た設備を運用する使用者は，免許の取得や無線局の登録をする必要がない。

10mWを超え300mWまでのRFIDは，電波法令上「構内無線局」の扱いになり，製造業者は設備が電波法令に定められている技術基準に適合していることを証明する必要がある。設備を運用する使用者は，免許を取得する必要がある（→ 6.2.3 項参照，**表5.2.3**，**図5.2.2**）。

表5.2.3　2.45GHzの規定

国／地域	規格				参照ドキュメント
アメリカ	2400〜2483.5MHz	FHSS方式	75 hopping system以上	1W	FCC 15.247
			その他	0.125W	
		FHSS方式以外	Fundamental	50mV/m@3m	FCC 15.249
			Harmonics	500μV/m@3m	
ヨーロッパ	2446〜2454MHz	FHSS方式またはCWのみ	制限なし	+27dBm eirp	EN 300 440, ERC/REC 70-03 Annex 11
		FHSS方式	室内	+36dBm eirp	
日本	2427〜2470.75MHz	構内無線局	狭帯域通信	300mW	電波法，RCR STD-1
			FHSS		
		特定小電力無線局	狭帯域通信	10mW	電波法，RCR STD-29
	2400〜2483.5MHz	特定小電力無線局	FHSS	10mW/MHz以下（2427〜2470.75MHzでは，3mW/MHz以下）	電波法，ARIB STD-T81

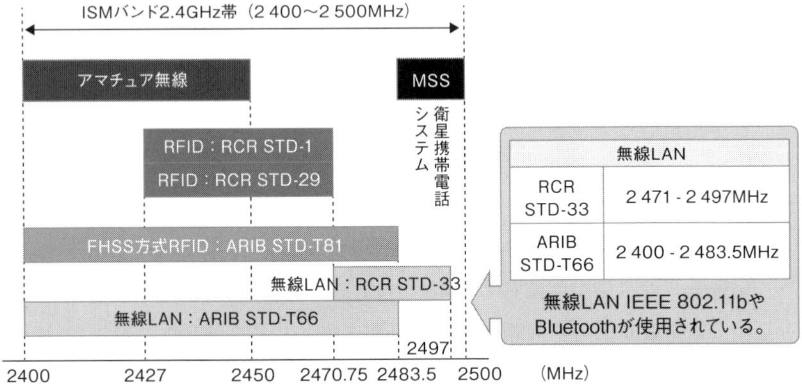

図5.2.2　2.45GHz帯の使用状況（日本）

5.2.4 900MHz帯

2006年1月の電波法令改正で，出力が10mWまでの950MHz帯RFIDは，電波法令上「特定小電力無線局」の扱いになり，製造業者は設備が電波法令に定められている技術基準に適合していることの証明が必要であった。技術基準適合証明を得た設備を運用する使用者は，免許の取得や無線局の登録をする必要がない。また，10mWを超え空中線電力1W（アンテナ出力では4W eirp）までの950MHz帯RFIDは，電波法令上「構内無線局」の扱いになり，製造業者は設備が電波法令に定められている技術基準に適合していることを証明する必要があった。設備を運用する使用者は，免許を取得する必要があった。

2008年5月の電波法令改正では，950MHz帯の周波数帯に新たにアクティブタグが10mW以下の「特定小電力無線局」として，パッシブタグと同じ扱いで運用できるようになった。

2010年5月の電波法令改正で，950MHz帯の中出力型パッシブタグシステムが250mW以下の「簡易無線局」の扱いになった。製造業者は設備が電波法令に定められている技術基準に適合していることの証明が必要で，適合証明を得た設備を運用する使用者は，無線局の登録を受ける必要があった。

2011年12月の電波法令改正（2012年7月25日施行開始）で，空中線電力が250mWまでの920MHz帯RFIDは，電波法令上「特定小電力無線局」の扱いになった。製造業者は設備が電波法令に定められている技術基準に適合していることを証明する必要がある。適合証明を得た設備を運用する使用者は，免許の取得や無線局の登録をする必要がない。250mWを超え，1W（アンテナ出力では4W eirp）までのRFIDは，電波法令上「構内無線局」の扱いになり，さらに2019年3月の電波法改正で，「陸上移動局」の申請が可能になった。製造業者は設備が電波法令に定められている技術基準に適合していることを証明する必要がある。設備を運用する使用者は，免許の取得または無線局の登録をする必要がある。

なお，これまで制度化された950MHz帯RFIDシステムは，2013年1月から新規に免許を取得できなくなった。すでに運用しているものについても2018年4月1日以降使用できなくなり，950MHz帯RFIDシステムは，920MHz帯RFIDシステムの周波数に移行した（→ 6.2.4項参照）。

5.2.5 433MHz帯

この周波数帯は，2006年，国際物流用コンテナの管理用途に限定して国内使用が許可された。空中線電力が1mWまでのアクティブタグ，0.4mWまでのリーダライタは，電波法令上「特定小電力無線局」の扱いになり，製造業者は設備が電波法令に定められている技術基準に適合していることを証明する必要がある。技術基準適合証明を得た設備を運用する使用者は，免許の取得や無線局の登録をする必要がない。設備には，国際輸送に関わる場合においてのみ電波の発射が可能である旨の表示を行う必要がある。433MHz帯は，従来から国内でアマチュア無線局に割り当てられてきた周波数帯であり，運用にあたってはアマチュア無線局への干渉防止を考慮する必要がある（→ 6.2.6項参照，**表5.2.4**）。

表5.2.4 433MHz帯の規定

国／地域	規格	参照ドキュメント
アメリカ	電界強度 4 400μV/m@3m 間欠動作（例：発振1秒，停止30秒）	FCC 15.231
ヨーロッパ	433.05～434.79MHz 出力 10mW erp	ERC/REC 70-03 Annex 1
日本	特定小電力無線局 433.92MHz（433.67～434.17MHz） リーダライタ：0.1mWまたは0.4mW以下 アクティブタグ：1mW以下 （430～440MHzをアマチュア無線局が使用）	ARIB STD-T92

5.2.6 微弱無線局

著しく微弱な出力のRFIDを使用する場合，電波法令上「微弱無線局」扱いになる。微弱無線局は，設備の免許および運用する使用者の免許取得，無線局の登録が不要である。周波数ごとに決められた制限出力さえ守れば，どの周波数帯であっても微弱無線局のRFIDとして使用することができる（→ 6.5節参照）。

5.3 リーダライタの形状

使用するアプリケーションに対応して，さまざまな形状のリーダライタが提供されている。ここでは，その代表的な形状を取り上げて説明する。

5.3.1 ゲートタイプ

ゲートタイプは，リーダライタを店舗などの出入口に設置し，ゲートの両側，上下などに設置された複数のアンテナで通過するRFタグを読み取るものである。店舗や図書館などの出入口で，13.56MHz仕様のゲートタイプを目にすることがあるが，最近は物流拠点などでの900MHz帯のゲートタイプが増えている（**図5.3.1**）。

図5.3.1　ゲートタイプ

5.3.2 据置きタイプ

据置きタイプは，リーダライタを作業場に固定して使用するものである。使用例としては，オフィスへの入退場管理，PC操作時の個人認証，図書館での貸し出し管理などがある。ドアの横の壁に取り付けられたリーダライタやPCに接続されたリーダライタに，社員証などに組み込まれたRFタグをかざして利用している（**図5.3.2**）。

図5.3.2　据置きタイプ

5.3.3　ハンディタイプ

ハンディタイプは，人が手に持って操作する形状のものである。使用例としては，レジャー施設での入退場確認（リストバンドなどにRFタグを組み込む），売店での精算，回転寿司店の精算システム（皿にRFタグを組み込む）などがある。また，小売店で靴や衣料品の棚卸し業務にも使用されている。RFタグとバーコードの両方を読み取ることができるものもある（**図5.3.3**）。

図5.3.3　ハンディタイプ

5.3.4 組み込みタイプ

組み込みタイプは，人の目に直接触れることはなく，自動改札機，自動販売機，RFタグラベル発行用プリンタなどの各種装置の中に内蔵され，使用されている（**図5.3.4**）。

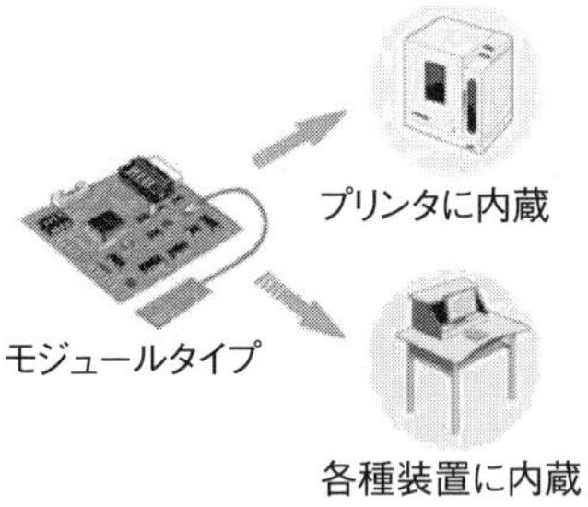

図5.3.4　組み込みタイプ

5.3.5 アンテナ一体型とアンテナ分離型

アンテナとリーダライタ本体との接続方法に着目すると，2種類に分類できる。アンテナ一体型とアンテナ分離型である。

アンテナ一体型は，一つの筐体（ケース）の中にアンテナとリーダライタ本体が入っている。入退出管理用のリーダライタ，PCのログイン管理用リーダライタ，ハンディタイプリーダライタなどであり，比較的小型，低出力型の装置に多い。

アンテナ分離型は，アンテナがリーダライタ本体とケーブルで接続されており，比較的大型，高出力型の装置に多い。1台のリーダライタに複数のアンテナを接続することも可能であり，複数のアンテナを時分割で切り換えて使用する。

5.4 免許と技術証明

RFIDに限らず，国内で電波を使用する無線設備は免許を得る必要がある。日本で証明，認証を得ている場合でも，海外ではその国の電波法令に従った証明，認証を新たに取得する必要がある。無線設備自体に必要なものを「証明」「認証」といい，使用者が必要なものを「免許（無線局免許）」という。

5.4.1　使用者の無線局免許

電波を送受信する無線設備を運用する場合，原則として無線局免許の取得や登録を要するが，微弱無線局，証明，認証を受けた特定小電力無線局および型式指定を受けた高周波利用設備（誘導式読み書き通信設備）のRFIDシステムを運用する場合であれば必要ない。特定小電力無線局であっても，証明，認証を受けていない無線設備を使用する場合や型式指定を受けていない高周波利用設備を使用する場合には，使用者自身が証明，認証，型式指定を受けなければならない。

一方，920MHz帯や2.45GHz帯のRFIDで，特定小電力無線局より大きな出力の無線設備を使用する場合には，使用者は必ず構内無線局または陸上移動局を申請し，無線局免許を受ける必要がある（**表5.4.1**，→ 表6.2.1）。

表5.4.1　RFIDで使用される無線局，通信設備

無線局，通信設備	使用者	設備
微弱無線局	免許不要	免許不要
特定小電力無線局	免許不要	証明，認証
構内無線局	免許要	証明，認証
陸上移動局	免許要	証明，認証
誘導式通信設備	免許不要	免許不要
誘導式読み書き通信設備	免許不要	型式指定

5.4.2　無線機器の証明，認証

(1) 技術基準適合証明

微弱無線局など一部の無線設備を除き，RFIDを含めて国内で使用するすべての無線設備は，電波法令に定める技術基準を厳守する必要がある。製造業者

は，総務大臣から証明機関として登録を受けた機関の試験に合格することで，技術基準適合証明を得ることができ，技術基準適合証明マーク，技術基準適合証明番号を表示することが許可される。技術基準適合証明を得た製品を使用することで，運用者（使用者）は，免許手続きが簡易になる，免許自体が不要になるなどの法的なメリットを得ることができる。

(2) 工事設計認証（型式認定）

工事設計認証は，製品の製造図面，製造方法などの製造品質検定を受けることにより，同じ仕様，性能の製品が製造可能であることを認定し，その型式を認証する制度である。認証を受けた製品は，製品ごとの試験を受けることなく技術基準に適合していると認められる。少量生産時には技術基準適合証明，同一製品の大量生産時には工事設計認証を利用することが一般的である。

(3) 型式指定

誘導式読み書き通信設備（13.56MHzを使用するリーダライタ）は，製造業者が申請によりその型式について総務大臣の指定を受けた場合，その型式の誘導式読み書き通信設備の使用者は個別の設置許可が不要になる。技術的条件が厳しく定められているので登録証明機関などで技術試験を行い，条件に適合していることを書面により申請する必要がある。

第6章

電波法とその他の法規・規格

6.1 規制法規の概要

携帯電話機や無線LANなどの身近な無線機器が急速に普及してきており，電波の影響がさまざまなところで懸念されている。

例えば，携帯電話機の植込み型医療機器への影響などを避けるため，電車など公共機関の優先席付近では，混雑時に携帯電話機の電源を切るように，ステッカを掲示するなどして協力を要請している。また，病院では医療機器などへの影響を避けるため，各医療機関でルールを定め，病院内の使用禁止区域では携帯電話機の電源を切るまたは電波を発射しないモードとすることへの協力を要請している。

無線機器は，電波法などの規則内での製造・販売が義務付けられている（**図6.1.1**）。規定出力を超えて電波を放射したり，放射してはならない電波を出したりすると電波法違反で罰則を受ける。また，植込み型医療機器などへの影響を回避しなければならない。

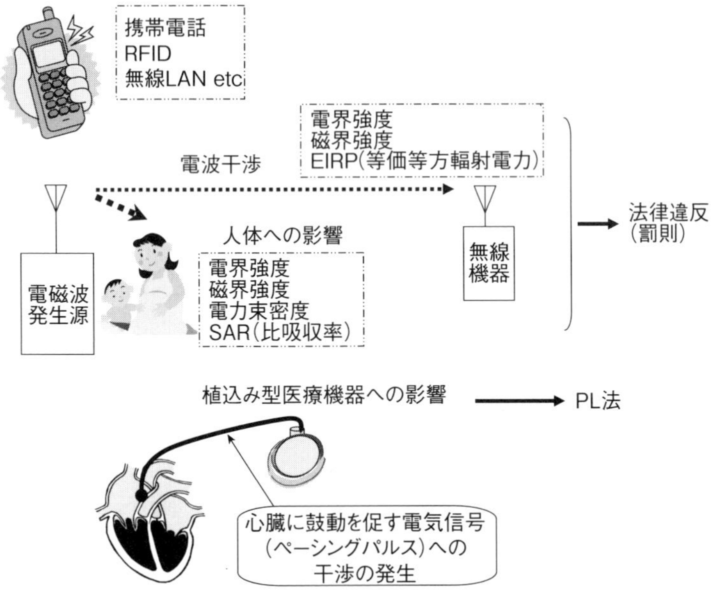

図6.1.1　電波の規制

RFIDシステムは無線機器を含むことから，電波法や関連規則を守るほか，JAISAで制定しているRFID機器運用ガイドラインを遵守することも必要である。このRFID機器運用ガイドラインは自主規制であるため，罰則規定はないが，PL（Product Liability：製造物責任）法上，遵守することが重要である。

6.1.1　電波法による規制の必要性

国内の電波法は，電波の公平かつ能率的な利用を確保することによって，公共の福祉を増進することを目的としている。電波法では，その目的を達成するために無線局，無線設備，運用，法律に違反した場合の罰則などが法律化されている。この電波法の第2条第一号では，電波を「三百万メガヘルツ以下の周波数の電磁波」と定義している。

無線機器は，電波を自ら発射する機器であることから，意図的電波発射の規制である電波法の規制対象となる。また，一般の電子機器と同様に，不要な電波輻射を規制する「EMC規格」，火災・感電の防止に関わる「安全規格」などの諸規格への対応も必要である。

RFIDシステムは，世界各国の電波法の法規や規格に規制される。**表6.1.1**に示すように，RFID機器も無線機器と同等な規制を受けている。

表6.1.1　RFIDシステムの規制概要

	項目	対象	規制
無線機器	電波法	他の無線機器	意図的電波放射の規制
	人体防護	人体	
	医療機器への影響	病院などの医療電子機器 植込み型医療機器（PM/ICD）(注)	
電子機器（一般）	EMC規格（VCCI）	他の電子機器	非意図的電波放射の規制
	電気用品安全法	人体およびその他のもの	火災・感電などの危険防止
	環境対応	地球環境	環境への影響の低減

（注）PM：植込み型心臓ペースメーカ
ICD：植込み型除細動器

6.1.2　電波法の規制概要

無線機器に携わるいかなる人も，国内の電波法を遵守する義務がある。日本の電波法は，第1条から第116条に無線局，無線設備，技術基準適合証明，運用などを定めている。また電波法を施行するために，電波法施行規則，無線設備規則など，関連する政令，省令がある。

総務省（MIC：Ministry of Internal Affairs and Communications）が制定する電波法のほかに，一般社団法人 電波産業会が制定するARIB規格（ARIB STD-XX）がある。ARIB規格は，無線機器の標準的な仕様の基本的な技術条件を，「標準規格」として策定した民間規格である。国内市場での無線機器の運用で無用の混乱をきたさないためにも，製造業者は，このARIB規格を守るべきである。

次節にて，RFID機器で使用する周波数，電力など，RFIDに関する規制概要について説明する。

6.2　国内のRFIDに関する規制

ISO/IEC JTC1 SC31で審議され，エアインタフェース（ISO/IEC 18000シリーズ）で対象となっているRFIDシステムを**表6.2.1**に電波法関連規則と併せて示す。なお，一部アクティブ方式のシステムに関しては，ISO規格には定められていないが，同一周波数帯を使用しているので記載する。

以下，RFIDシステムで使用されている周波数ごとの規制内容を概説する。

6.2.1　135kHz未満

電波法では，5.2.1項に示すように，リーダライタの電界強度が許容値内であれば，使用者の免許取得が不要である。高周波利用設備の誘導式通信設備として1990年代に導入された。国際標準化が行われる以前に各社からオリジナルなRFIDシステムが導入されていたため，互換性が低い。海外にRFID機器を輸出する場合，各国の電波法に合致した証明，認証を取得する必要がある。

表6.2.1 日本のRFIDに関する電波法関連規則

<table>
<tr><th>ISO/IEC
18000シリーズ</th><th>周波数</th><th>通信方式</th><th>使用
可否</th><th>日本の電波法関連規則
およびARIB規格</th></tr>
<tr><td>18000-2</td><td>135kHz未満</td><td>パッシブ</td><td>可</td><td>誘導式通信設備</td></tr>
<tr><td>18000-3</td><td>13.56MHz</td><td>パッシブ</td><td>可</td><td>誘導式読み書き通信設備
ARIB STD-T82</td></tr>
<tr><td rowspan="3">18000-4</td><td rowspan="3">2.45GHz帯</td><td rowspan="3">パッシブ</td><td>可</td><td>構内無線局
RCR STD-1</td></tr>
<tr><td>可</td><td>特定小電力無線局
RCR STD-29</td></tr>
<tr><td>可</td><td>特定小電力無線局
ARIB STD-T81</td></tr>
<tr><td rowspan="6">18000-6X</td><td rowspan="10">860～960MHz</td><td rowspan="3">パッシブ
950MHz帯</td><td>不可</td><td>構内無線局
ARIB STD-T89</td></tr>
<tr><td>不可</td><td>特定小電力無線局
ARIB STD-T90</td></tr>
<tr><td>不可</td><td>簡易無線局
ARIB STD-T100</td></tr>
<tr><td rowspan="3">パッシブ
920MHz帯</td><td>可</td><td>構内無線局
ARIB STD-T106</td></tr>
<tr><td>可</td><td>陸上移動局
ARIB STD-T106</td></tr>
<tr><td>可</td><td>特定小電力無線局
ARIB STD-T107</td></tr>
<tr><td rowspan="4"></td><td rowspan="2">アクティブ
950MHz帯</td><td>不可</td><td>特定小電力無線局
ARIB STD-T96</td></tr>
<tr><td>不可</td><td>簡易無線局
ARIB STD-T96</td></tr>
<tr><td rowspan="2">アクティブ
920MHz帯</td><td>可</td><td>特定小電力無線局
ARIB STD-T108</td></tr>
<tr><td>可</td><td>陸上移動局
ARIB STD-T108</td></tr>
<tr><td>18000-7</td><td>433MHz帯</td><td>アクティブ</td><td>可</td><td>特定小電力無線局
ARIB STD-T92</td></tr>
</table>

6.2.2 13.56MHz

使用周波数13.56MHzは，ISMバンドであり，世界で最も普及しているRFIDシステムである。国内では，1998年の電波法令改正により，この帯域の

RFIDシステムの導入が始まった。2002年9月に，高周波利用設備の誘導式読み書き通信設備と認められ，使用者の免許取得が不要なRFIDシステムとして各種分野で最も活用されている。2012年12月には，EPCglobal規格がISO/IEC 18000-3のエアインタフェースMode 3として国際規格化された。海外にRFID機器を輸出する場合，各国の電波法に合致した証明，認証を取得する必要がある。

6.2.3　2.45GHz

2.45GHz帯は，世界中で使用できるISMバンドである。国内では，RFタグの周波数としては1986年から使用実績がある。2002～2003年の電波法令改正で，日本でも周波数ホッピングスペクトラム拡散を採用したFHSS（Frequency Hopping Spread Spectrum）方式のRFタグが使用可能となった。

2.45GHzのRFIDシステムには，構内無線局（RCR STD-1），狭帯域方式特定小電力無線局（RCR STD-29），FHSS方式特定小電力無線局（ARIB STD-T81）の3つの規格があり，同周波数帯の無線LANには5.2.3項に示すRCR STD-33，ARIB STD-T66の2つの規格があるので，相互干渉に注意が必要である。

ヨーロッパでは，2 446～2 454MHzと周波数範囲が狭い狭帯域方式であるので出力が制限される。アメリカでは広帯域を使用できるので，FHSS方式で高い出力の電波が放射可能である。

6.2.4　860～960MHz

(1) 2005年4月の電波法令改正の概要

国内では，2005年3月までUHF帯RFIDシステムは使用できなかった。しかし，物流・流通，交通など比較的長距離通信が必要とされている分野での利活用が期待できるUHF帯RFIDシステムの導入機運が急速に高まり，長年の懸案事項であったUHF帯の規制緩和は，2004年7月から実用化に向けて検討が開始されて2005年4月に暫定制度化された。

使用者の免許取得が必要な構内無線局（免許局）として952～954MHzの使用周波数帯域，1W以下の空中線電力，スプリアスなどが暫定的に決まったが，相互干渉防止のための共用化条件や低出力型の電波法令改正は見送られた。共用化条件がないため，高出力型のRFID機器間の相互干渉が課題として提起され，継続審議となった。

なお，この時点ではアクティブ方式に関しては制度化されていない。

(2) 2006年1月の電波法令改正の概要

2005年4月の時点では見送られた共用化条件の制定や，使用者の免許取得が不要で，構内以外でも自由に運用することができる特定小電力無線局の新設が行われた。

共用化条件の主なものとしては，200kHz幅のチャネルの制定，相互干渉防止のためのキャリアセンス方式の導入，および送信時間制限や同一無線局による連続送信の禁止などである。キャリアセンス方式では，同一のチャネルをほかの無線局が使用していないことを確認してから，自局が送信することができる。これらの共用化条件導入のもと，構内無線局の登録局（高出力型：空中線電力1W以下）と特定小電力無線局（低出力型：空中線電力10mW以下）が制度化された。

構内無線局は使用者が無線局の登録をする必要があるが，特定小電力無線局は使用者の免許取得が不要であり，無線局の登録をすることなく国内どこでも使用が可能である。この特定小電力無線局は，交信距離が短いため，個々の商品やケースなどに貼付したRFタグを近距離で読む用途で，つまりバーコードが使われている広い分野での利活用が期待できる。

(3) 2008年5月，7月の電波法令改正の概要

950MHz帯のアクティブタグシステム（特定小電力無線局）の導入と，パッシブタグシステムの高度利用を目的に新たに電波法令が改正された。アクティブタグシステムの導入にあたり，既存局との相互干渉を考慮して，IEEE 802.15.4の規格や欧州の860MHz帯SRD（Short Range Device）の規定を参考に，短い時間のキャリアセンスやキャリアセンス不要が規定された。

共用化条件を具備するパッシブタグシステムの構内無線局（登録局）や特定小電力無線局は，リーダライタを高密度に配置するシステムや，高速ベルトコ

ンベアなどリアルタイム性が求められるシステムにおいて，相互干渉や読み取り率の低下といった問題が予想される。また，送信チャネルに，同一チャネルを使用するほかのリーダライタからの妨害波が入ると，タグからの反射波を受信できなくなる。そのため，リーダライタの受信帯域が同一チャネルを使用するほかのリーダライタからの送信で妨害されず，また同一チャネルを使用する複数のパッシブタグシステムがキャリアセンスを具備することなく稼働させることが可能な，ミラーサブキャリア方式導入への関心が高まってきた。

そこで，構内無線局（免許局）として規定からキャリアセンスを要しないチャネルを設けて，さらにタグコンフュージョンを引き起こさせないチャネル配置とすることで，当該チャネルを複数のリーダライタで共用できるようになった。

(4) 2010年5月の電波法令改正の概要

この電波法令改正は，簡易無線局（中出力型：空中線電力 250mW以下）の制度を新たに追加するものである。これまでの構内無線局は，使用者が免許の取得または登録をする必要があり，無線局の移動には変更の届出が必要であった。また，特定小電力無線局は，使用者の免許取得が不要で移動持って自由だが，交信距離は短いという特徴があった。

そこで，一度登録すれば移動の際に変更の届出が不要で，構内無線局と同じ周波数帯域を使用でき，2m程度の交信距離の一括読み取りが可能な中出力型が，簡易無線局として制度化された。

また，950MHzタグシステムは，956～958MHzの携帯電話の停波を受けて，950～958MHzの帯域で使用可能となった。

空中線電力10mWタイプのアクティブタグは，空中線電力1mW以下と同様なショートキャリアセンス128μs以上の適用範囲の拡大が検討された。キャリアセンス時間の10ms以上の場合と共存するかたちで，キャリアセンス時間が128μs以上の場合の送信時間，停止時間およびデューティサイクル（1時間あたりの送信時間の総和の割合）の規定が，既存の空中線電力1mW以下の950MHz帯アクティブタグシステムと同様となった。このことにより，950MHz帯パッシブタグシステムとの共用を図りつつ，よりきめ細かに周波数を利用することが可能となった。

また，周波数帯域拡張に伴う既存の周波数などの検討および，同時に利用する単位チャネルの増加について検討された。950MHz帯パッシブタグシステムは，アクティブタグシステムと同一の単位チャネルを設定した。空中線電力10mW以下のシステムでは高容量通信の要求が高まり，同時利用チャネル数が3チャネルから5チャネルに拡大し，最大1MHz幅になった。

(5) 2011年12月の電波法令改正の概要

以前，900～960MHzの周波数帯は，携帯電話，パーソナル無線，MCA（Multi Channel Access radio system，以下「MCA」という），950MHz帯RFIDシステム，STL（Studio to Transmitter Link），TTL（Transmitter to Transmitter Link）に割り当てられており，960MHz以上は航空無線に割り当てられていた。しかし，「ワイヤレスブロードバンド実現のための周波数検討ワーキンググループ」とりまとめ（2010年11月30日）において，欧米での割り当て状況を踏まえ，950MHz帯RFIDシステムなど（パッシブタグシステムおよびアクティブタグシステム）は915～928MHz（以下「920MHz帯」という）に移行するとされた基本方針に従い，電力・ガス分野におけるスマートメータの導入などに支障をきたさないよう，新たに5MHz幅の拡充を含む920MHz帯RFIDシステムなどに必要な技術的条件について制度化が行われた。制度化後，それまで920MHz帯で使用していた携帯電話の第2世代移動通信システムの免許期限が2012年7月24日で失効したことから，2012年7月25日から同周波数帯でのRFIDシステムの利用が可能となった。

920MHz帯RFIDシステムなどの利用周波数帯の基本的な考え方を**図6.2.1**に示す。

- パーソナル無線は，2015年11月末で周波数割り当てが終了した。
- MCAは，930～940MHzに移行した。
- RFIDシステムは，欧米などでの割り当て状況を踏まえ，国際競争力の観点から915～928MHzに移行した。

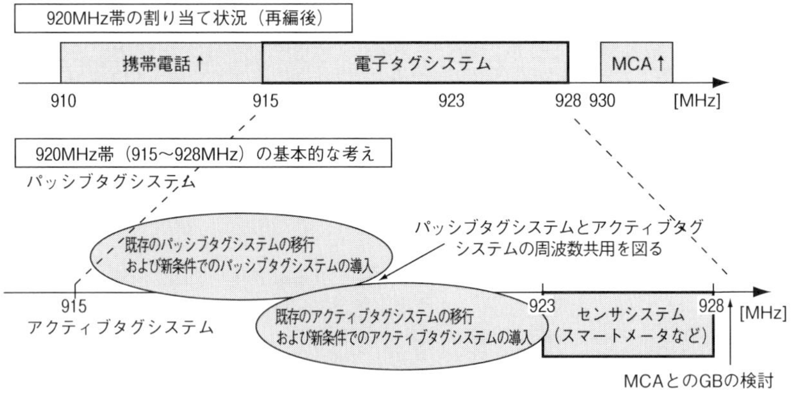

図6.2.1　RFIDシステムの利用周波数帯の基本的な考え方

(a)高出力型パッシブタグシステムの高度化

本改正の920MHz帯パッシブタグシステムの検討にあたり，以下のとおり高密度設置，高速通信および欧州との整合を考慮した結果，ミラーサブキャリア方式を中心とした割り当てを行うこととした。

950MHz帯パッシブタグシステムのチャネル配置は，FM0方式とミラーサブキャリア方式が混在していた（**図6.2.2**）。

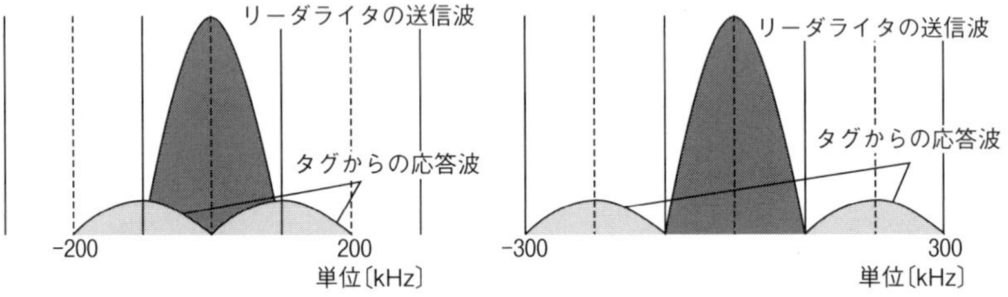

(a) FM0方式
（送信40kbps，受信100kbps）

(b) ミラーサブキャリア方式
（送信40kbps，受信100kbps）

図6.2.2　FM0方式とミラーサブキャリア方式のスペクトル例

FM0方式はリーダライタからの送信波とタグからの応答波を同一チャネルにて通信する方式であり，近傍のリーダライタとの干渉を回避するため，送信前にチャネルの使用状況を確認するキャリアセンスを実施する必要がある。しかし，リーダライタが密集するアプリケーションに適用する場合，チャネル数が足りず，必要なタイミングで通信できない「キャリアセンス待ち」が頻発し運用に耐えられない可能性がある。一方，ミラーサブキャリア方式はリーダライタからの送信波とタグからの応答波が異なるチャネルで通信する方式であり，非常に微弱なタグからの応答波がほかのリーダライタからの送信波による干渉を回避できるため，リーダライタの高密度配置の運用が可能となる。

以上のことから，920MHz帯パッシブタグシステムにおいては，高密度配置が可能で周波数の利用効率に優れたミラーサブキャリア方式優先とし，これまでと同様に4チャネルを確保するとともに，タグ応答波のチャネルを優先的に使用可能なチャネル配置とした。

国内事例における一括読み取り枚数は，従来は100枚/秒（ダンボール100個）程度であった。しかし，パレットなどのリターナブル容器において，200～300枚/秒程度の一括読み取りを要求される場合がある。そこで，高密度配置が可能なミラーサブキャリア方式において，さらに高速データ通信を実現するために，タグからの応答波を受信する帯域を950MHz帯での受信帯域幅200kHzから1 000kHzへとし，より広く確保した。

想定される要求仕様およびタグ応答波の受信帯域の広さと読み取り速度（理論値）を比較すると，受信帯域幅200kHzでは，要求されているリターナブル容器（250枚/秒）や海外における個品（400枚/秒）の一括読み取りが困難な状況といえる。これに比べて，受信帯域幅1 000kHzでは，読み取り速度（理論値）がFM0方式の約2倍となり，FM0方式では実現困難なリターナブル容器や個品の一括読み取りが計算上は実現可能となった。

本改正の920MHz帯は，アメリカをはじめとする諸外国でRFIDシステムに割り当てられている周波数帯域とほぼ重なる。欧州は，ミラーサブキャリア方式を中心に，送信帯域幅400kHzでの検討を行ったが，国内では送信帯域を束ねることで，十分な高速通信と国際競争力を保ったRFID機器の実現が可能であることから，920MHz帯パッシブタグシステムは950MHz帯と同様に送信帯域幅を200kHzとした。

また，950MHz帯の同システムは2018年3月31日まで利用可能とする経過措置が取られた。

(b) 中出力型RFIDシステムの利便性向上

従前の中出力型は，920MHz帯パッシブタグシステムでは空中線電力が250mW以下のままで，使用者の免許取得が不要の特定小電力無線局として制度化された。アクティブタグシステムにも中出力型（250mW）が制度化されたが，パッシブ方式は移動して使用するアプリケーションが多いことに比べ，アクティブ方式は固定で使用するアプリケーションが多いため，使用者の無線局登録が必要な簡易無線局として制度化された。

高出力型パッシブタグシステム同様，950MHz帯の同システムは。2018年3月31日まで利用可能とする経過措置が取られた。

(6) 2017年9月の電波法令改正の概要

920MHz帯小電力無線システム（パッシブタグシステムおよびアクティブタグシステム）の多様な利用目的，さまざまな機器開発を可能とするため，無線局の技術基準等の見直しを行い，パッシブタグシステムにおいては電波型式の指定が廃止され，920.5～923.5MHzの簡易無線局（アクティブタグシステム）については陸上移動局へ変更になった。

また，狭帯域の周波数利用における周波数利用効率の向上を図るため，指定周波数帯による規定を追加し，多様な通信ニーズへ対応するため，低出力型と中出力型の無線システムが共用する周波数において，空中線電力が1mW以下のものであっても，中出力型の技術基準と同様にキャリアセンスを行うことを条件として，中出力型の送信時間制限の利用が可能になった。

さらに，その他機器の小型化における利便性を確保するため，空中線電力および空中線利得の技術基準の緩和等，所要の規定の整備を行った。例えば，これまで空中線電力は250mW以下であったが，送信空中線が無線設備の一の筐体に収められており，かつ容易に開けることができない場合であって，等価等方輻射電力が27dBm（3dBiの送信空中線に250mWの空中線電力を加えたときの値であって，空中線電力の許容偏差を含む）以下となるものにあっては，500mW以下とすることができるようになった。その際は空中線電力を大きくした分，キャリアセンスレベルも変更する必要がある（**図6.2.3**）。

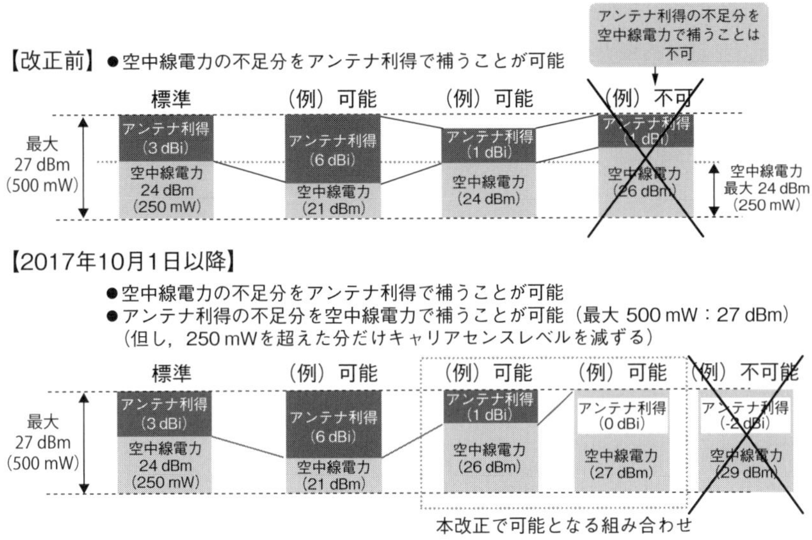

図6.2.3　空中線電力の見直し：アンテナ一体型の特定小電力無線局

(7) 2019年3月の電波法令改正の概要

高出力型パッシブ系電子タグシステムは構内無線局として制度化されていたが，1つの構内に限った使用となっており，複数店舗をまたがっての使用ができず，配送先での入庫検品ができないなどの課題があり，物流における業務の効率化やマラソン大会のタイム計測など構外利用の要望が高まっていた。

本改正では，構内無線局と同じ技術基準のまま構外で利用可能な陸上移動局が新設され，陸上移動局では一時的な無線局の移動には変更の届出が不要となった。陸上移動局も構内無線局同様，免許局と登録局があり，免許局の場合は総合無線通信士，陸上無線技術士または陸上特殊無線技士（国内電信級陸上特殊無線技士を除く）の資格を有した人を主任無線従事者もしくは無線従事者として選任する必要がある。

また，陸上移動局の優先チャネルはARIB規格のARIB STD-T106に記載されている。

920MHz帯の技術仕様を**表6.2.2**，**表6.2.3**に示す。

また，**図6.2.4**に，920MHz帯のパッシブタグシステム（構内無線局，陸上移動局および特定小電力局）およびアクティブ小電力無線システム（陸上移動局 および特定小電力局）のチャネル割り当てを示す。

表6.2.2　920MHz帯パッシブタグシステム

<table>
<tr><th rowspan="2"></th><th colspan="2">構内無線局および陸上移動局</th><th rowspan="2">特定小電力無線局</th></tr>
<tr><th>免許局</th><th>登録局</th></tr>
<tr><td>指定周波数帯</td><td>916.8MHz
918.0MHz
919.2MHz
920.4MHz</td><td>916.8MHz
918.0MHz
919.2MHz
920.4MHz
920.6MHz
920.8MHz</td><td>916.8MHz，918.0MHz,
919.2MHzおよび920.4MHz以上
923.4MHz以下のうち920.4MHzに
200kHzの整数倍を加えたもの。
ただし，922.4MHz以上923.4MHz
以下の周波数を使用する場合には，
ARIB STD-T108の規定に従う。</td></tr>
<tr><td>単位周波数帯幅</td><td colspan="3">200kHz</td></tr>
<tr><td>中心周波数</td><td>916.8MHz
918.0MHz
919.2MHz
920.4MHz</td><td>916.8MHz
918.0MHz
919.2MHz
920.4MHz
920.6MHz
920.8MHz</td><td>916.8MHz，918.0MHz,
919.2MHzおよび920.4MHz以上
923.4MHz以下のうち920.4MHzに
200kHzの整数倍を加えたもの。</td></tr>
<tr><td>空中線電力</td><td colspan="2">1W以下</td><td>250mW以下（注）</td></tr>
<tr><td>空中線電力
許容偏差</td><td colspan="3">+20%，－80%</td></tr>
<tr><td>空中線利得
（アンテナ利得）</td><td colspan="2">6dBi以下（絶対利得）
ただし，等価等方輻射電力が絶
対利得6dBiの送信空中線に1W
の空中線電力を加えたときの値
以下となる場合は，その低下分
を送信空中線の利得で補うこと
ができるものとする。</td><td>3dBi以下（絶対利得）
ただし，等価等方輻射電力が27dBm
以下となる場合は，その低下分を送
信空中線の利得で補うことができる
ものとする。</td></tr>
<tr><td rowspan="2">キャリアセンス
帯域</td><td rowspan="6">不要</td><td colspan="2">200kHz×n</td></tr>
<tr><td>n：1〜3</td><td>n：1〜5</td></tr>
<tr><td>キャリアセンス
レベル</td><td>－74dBm</td><td>－74dBm（250mW以下の場合）
－64dBm（10mW以下の場合）</td></tr>
<tr><td>キャリアセンス
時間</td><td colspan="2">5ms以上</td></tr>
<tr><td>送信時間制御</td><td colspan="2">4s以内</td></tr>
<tr><td>停止時間</td><td colspan="2">50ms以上</td></tr>
<tr><td>ARIB規格</td><td colspan="2">ARIB STD-T106</td><td>ARIB STD-T107</td></tr>
<tr><td>無線設備の免許</td><td colspan="3">技術基準適合証明 または 工事設計認証が必要</td></tr>
<tr><td>使用者の免許・
登録</td><td>免許が必要</td><td>登録が必要</td><td>不要</td></tr>
</table>

（注）ただし，無線設備が一の筐体に収められており，かつ，容易に開けられない構造であって，等価等方輻射電力が27dBm（絶対利得3dBiの送信空中線に250mWの空中線電力を加えたときの値）以下となるものにあっては，500mW以下とすることができるものとする。

表6.2.3　920MHz帯アクティブ小電力無線システム

<table>
<tr><th rowspan="2"></th><th colspan="2">陸上移動局</th><th colspan="4" rowspan="2">特定小電力無線局</th></tr>
<tr><th>免許局</th><th>登録局</th></tr>
<tr><td>指定周波数帯</td><td colspan="2">920.5MHz以上
923.5MHz以下</td><td>920.5MHz以上
928.1MHz以下</td><td>920.5MHz以上
923.5MHz以下</td><td>920.5MHz以上
925.1MHz以下</td><td>915.9MHz以上
916.9MHz以下
および
920.5MHz以上
929.7MHz以下</td></tr>
<tr><td>単位周波数帯幅</td><td colspan="5">200kHz</td><td>200kHz
（916.0MHz以上916.8MHz以下）
100kHz
（928.15MHz以上929.65MHz以下）</td></tr>
<tr><td>中心周波数</td><td colspan="2">920.6MHz以上
923.4MHz以下のうち，920.6MHzに200kHzの整数倍を加えたもの</td><td>920.6MHz以上
928.0MHz以下
のうち，
920.6MHzに200kHzの整数倍を加えたもの</td><td>920.6MHz以上
923.4MHz以下
のうち，
920.6MHzに200kHzの整数倍を加えたもの</td><td>920.6MHz以上
925.0MHz以下
のうち，
920.6MHzに200kHzの整数倍を加えたもの</td><td>916.0MHz以上
916.8MHz以下の場合，
916.0MHzに200kHzの整数倍を加えたもの。
928.15MHz以上929.65MHz以下の場合，
928.15MHzに100kHzの整数倍を加えたもの</td></tr>
<tr><td>空中線電力</td><td colspan="2">250mW以下</td><td colspan="3">20mW以下</td><td>1mW以下</td></tr>
<tr><td>空中線電力の許容偏差</td><td colspan="6">+20%，−80%</td></tr>
<tr><td rowspan="2">空中線利得（アンテナ利得）</td><td colspan="6">3dBi以下（絶対利得）</td></tr>
<tr><td colspan="2">ただし，等価等方輻射電力が27dBm以下となる場合は，その低下分を送信空中線の利得で補うことができるものとする</td><td colspan="3">ただし，等価等方輻射電力が16dBm以下となる場合は，その低下分を送信空中線の利得で補うことができるものとする</td><td>ただし，等価等方輻射電力が3dBm以下となる場合は，その低下分を送信空中線の利得で補うことができるものとする</td></tr>
<tr><td rowspan="2">キャリアセンス帯域</td><td colspan="3">200kHz×n</td><td colspan="3" rowspan="4">不要</td></tr>
<tr><td colspan="2">n：1～5</td><td>n：1～20</td></tr>
<tr><td>キャリアセンスレベル</td><td colspan="3">−80dBm</td></tr>
<tr><td>キャリアセンス時間</td><td colspan="2">5ms以上
（920.6MHz以上
922.2MHz以下）
128μs以上
（922.4MHz以上
923.4MHz以下）</td><td>5ms以上
（920.6MHz以上922.2MHz以下）
128μs以上
（922.4MHz以上928.0MHz以下）</td></tr>
</table>

<table>
<tr><th rowspan="2"></th><th colspan="2">陸上移動局</th><th colspan="4" rowspan="2">特定小電力無線局</th></tr>
<tr><th>免許局</th><th>登録局</th></tr>
<tr><td>送信時間制御</td><td colspan="2">4s以内
（920.6MHz以上922.2MHz以下）
400ms以内
（922.4MHz以上923.4MHz以下）</td><td>4s以内
（920.6MHz以上922.2MHz以下）
400ms以内
（922.4MHz以上928.0MHz以下）</td><td>4s以内
（同一周波数の電波の送信）</td><td>ホッピング周波数滞留時間を規定</td><td>100ms以下
（916.0MHz以上916.8MHz以下）
50ms以内
（928.15MHz以上929.65MHz以下）</td></tr>
<tr><td>送信時間の総和（無線設備あたり）</td><td colspan="2">なし
（920.6MHz以上922.2MHz以下）
360s/h以下
（Duty10%）
（922.4MHz以上923.4MHz以下）</td><td>なし
（920.6MHz以上922.2MHz以下）
360s/h以下
（Duty10%）
（922.4MHz以上923.4MHz以下）</td><td>36s/h以下
（Duty1%）</td><td>720s/h以下
（Duty20%）
（925.1MHz以上の無線チャネルを使用した時間も含む）</td><td>3.6s/h以下
（916.0MHz以上916.8MHz以下）
制限なし
（928.15MHz以上929.65MHz以下）</td></tr>
<tr><td>送信時間の総和（チャネルあたり）</td><td colspan="2">なし
（920.6MHz以上922.2MHz以下）
360s/h以下
（Duty10%）
（922.4MHz以上923.4MHz以下）</td><td>なし
（920.6MHz以上922.2MHz以下）
360s/h以下
（Duty10%）
（922.4MHz以上923.4MHz以下）</td><td>36s/h以下
（Duty1%）</td><td>36s/h以下
（Duty1%）</td><td>3.6s/h以下
（916.0MHz以上916.8MHz以下）
制限なし
（928.15MHz以上929.65MHz以下）</td></tr>
<tr><td>停止時間</td><td colspan="2">50ms以上
（920.6MHz以上922.2MHz以下）
2ms以上
（922.4MHz以上923.4MHz以下）</td><td>50ms以上
（920.6MHz以上922.2MHz以下）
2ms以上
（922.4MHz以上923.4MHz以下）</td><td>50ms以上</td><td>ホッピング周波数滞留時間を規定</td><td>100ms以上
（916.0MHz以上916.8MHz以下）
50ms以上
（928.15MHz以上929.65MHz以下）</td></tr>
<tr><td>ARIB規格</td><td colspan="6">ARIB STD-T108</td></tr>
<tr><td>無線設備の免許</td><td colspan="6">技術基準適合証明または工事設計認証が必要</td></tr>
<tr><td>使用者の申請</td><td>免許が必要</td><td>登録が必要</td><td colspan="4">不要</td></tr>
</table>

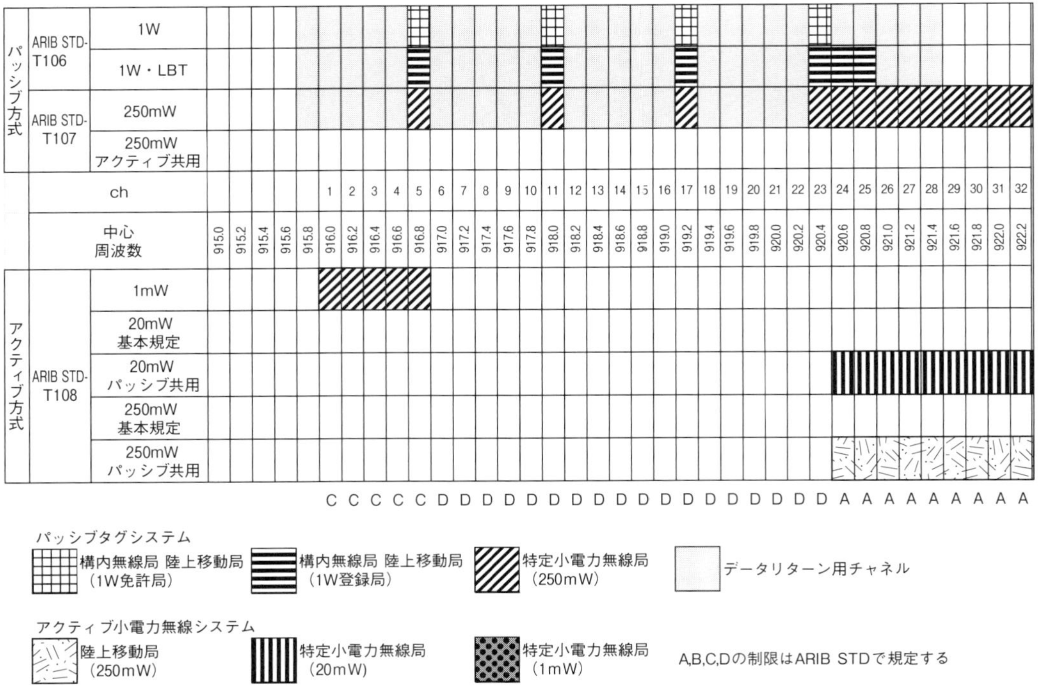

- 基準A（24ch以上）：パッシブタグの利用を想定したバンド。
- 基準B（33-38ch）：アクティブタグの利用を想定したバンド。
- 基準C（1-5ch）：データリターン用チャネルを保護しつつ，国際物流用に使用可能なバンド。
- 基準D（6-23ch）：データ用チャネルを保護するバンド。（アクティブシステムとして当面の使用は想定していないバンド）

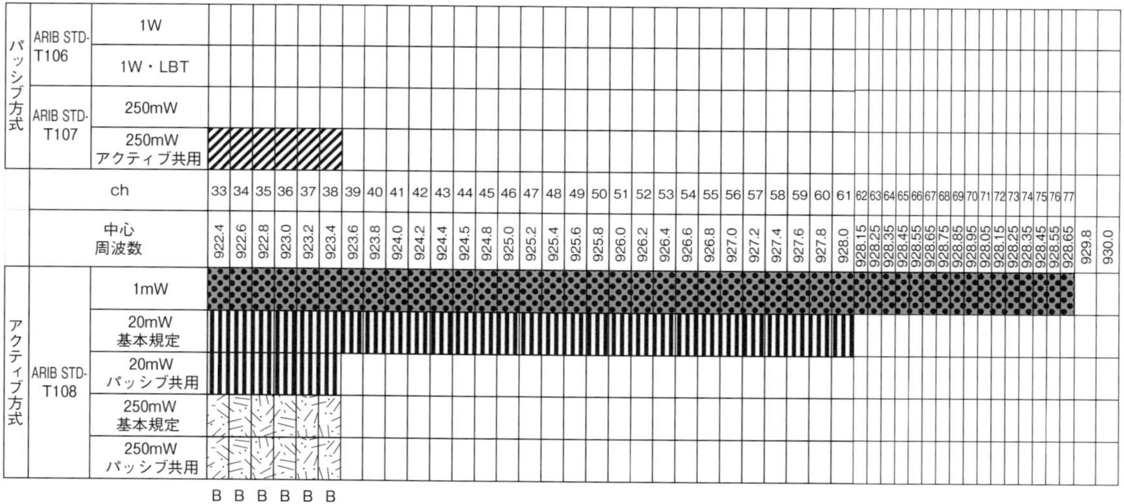

図6.2.4　920MHz帯のチャネル割り当て

(8)諸外国のUHF帯RFIDシステムの規制内容

当初，ISO/IEC 18000-6XのType A，Type Bの使用周波数帯は，860〜930MHzの範囲内であった。2003年10月に，日本ではUHF帯RFIDシステムが950MHz帯で開放されることになり，日本からISOへの提案が行われたことを受けて，UHFの使用周波数帯域が860〜960MHzに拡張された。

2022年11月時点で使用可能な各国の周波数帯を**表6.2.4**に示す。日本・ヨーロッパ・アメリカの電波法では使用周波数や電波の出力値が異なるため，海外でUHF帯RFID機器を使用する場合，各国の電波法に対応したRFID機器を準備する必要がある。また，2006年6月時点では**図6.2.5**に示すように日本の使用周波数は950MHz帯で孤立状態であったが，2012年7月25日の920MHz帯への周波数移行により，ISMバンド領域内でのUHF帯RFIDシステムの使用が可能となった。なお，950MHz帯RFIDシステムは，2018年3月31日まで使用可能であった（950MHz帯RFID機器の新たな使用者の免許・登録の受付は2012年12月31日にて終了した）。

表6.2.4　諸外国のUHF帯RFIDシステムの規制状況

	日本	ヨーロッパ	アメリカ
規制	電波法など	ヨーロッパ勧告 ERC/REC 70-03 Annex 11 RFID applications	FCC規則
周波数	915〜928MHz	865〜868MHz, 915〜921MHz	902〜928MHz
出力	構内無線局および陸上移動局：4W eirp 特定小電力無線局：0.5W eirp	a：865〜868MHz　2W erp a1：865〜865.6MHz　0.1W erp a2：865.6〜867.6MHz　2W erp a3：867.6〜868MHz　0.5W erp b：915〜921MHz　4W erp	4W eirp
変調方式	各変調方式可	FHSS方式は不可	FHSS・DSSS方式
共用化技術	免許局：不要 登録局：必須 （キャリアセンス，送信時間制御）	不要	不要
規格	ARIB STD-T106，-T107	EN 302 208	FCC Part 15.247など

（注）erp：effective radiated power（実効輻射電力：アンテナ供給電力×アンテナ相対利得）
eirp：equivalent isotropically radiated power（等価等方輻射電力：アンテナ供給電力×アンテナ絶対利得）
例：2W erpは，3.28W eirpと同等
（2〔W erp〕×半波長ダイポールアンテナ利得2.15〔dBi〕＝3.28〔W eirp〕）

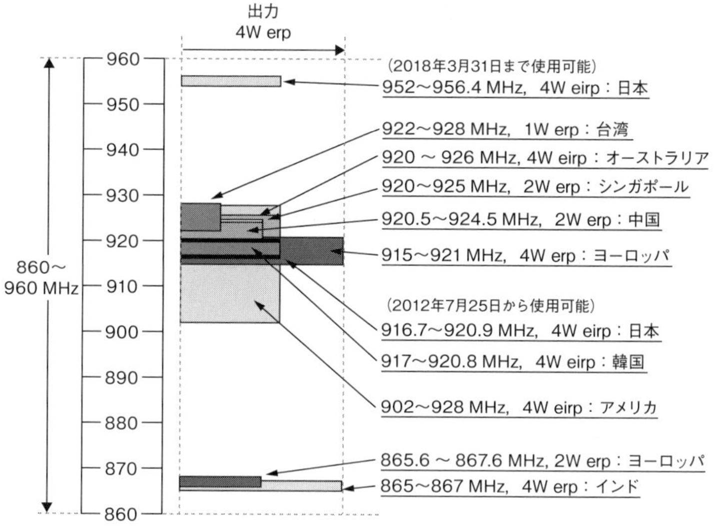

図6.2.5 世界の国々で使用できるUHF周波数帯域

6.2.5 5.8GHz

国内では，ISO TC204の車両交通用情報制御システムがITS（Intelligent Transport Systems）で運用されている。車両に搭載されたRFタグは，自らが電波を発射するトランシーバ方式である。5.8GHzの周波数を使用しているため，高速なデータ通信が可能である。

ISO/IEC JTC1 SC31では，UHF帯と同様なバックスキャッタ方式のエアインタフェースで標準化を図ったが，参加国の同意が得られず審議中止となった。

6.2.6 433MHz

433.92MHzは，ISMバンドである。国内では，この周波数帯はアマチュア無線に解放されていたが，2006年12月に，特定小電力無線局の433MHzアクティブタグシステムが，国際輸送用データ伝送の管理業務に供するものとして電波法令が改正された。

433MHzアクティブタグシステムのエアインタフェースは，ISO/IEC 18000-7として規格化された。

6.3 EMC規制と機器の安全規格

RFID機器は，一般の無線機器と同様にEMC（ElectroMagnetic Compatibility：電磁両立性）規格，安全規格，環境対応について規制を受ける。

表6.3.1に，日本，ヨーロッパ，アメリカのEMCなどの規制について示す。日本では，民間規格として，EMI（ElectroMagnetic Interference：電磁障害）に関しては一般財団法人 VCCI協会（旧組織名：情報処理装置等電波障害自主規制協議会）によって制定され，EMS（ElectroMagnetic Susceptibility：電磁的感受性）に関しては2004年3月以降はJIS C 61000にて制定されている。ヨーロッパ，アメリカでは，EMI規制の違反には罰則規定がある。

機器の安全性は，日本では電気用品安全法，JIS規格がある。ヨーロッパにはCEの低電圧指令があり，アメリカではUL規格がある。

表6.3.1　RFID機器の規制内容

<table>
<tr><th colspan="2">項目</th><th>日本</th><th>ヨーロッパ</th><th>アメリカ</th></tr>
<tr><td colspan="2">電波法</td><td>・電波法（総務省）
・ARIB規格</td><td>・RE指令
（2014/53/EU）
・ERC/REC 70-03</td><td>・FCC Part 15
Subpart Cなど</td></tr>
<tr><td colspan="2">人体防護
医療電子機器</td><td>・電波法
・電波防護標準規格
RCR STD-38</td><td>・EMF勧告
（1999/519/EC）
・EMF指令
（2013/35/EU）</td><td>・FCC RF
Exposure要求
・IEEE STD
C95.1</td></tr>
<tr><td rowspan="2">EMC</td><td>EMI
エミッション</td><td>・VCCI</td><td rowspan="2">・EMC指令
（2014/30/EU）</td><td>・FCC Part 15
Subpart B，C</td></tr>
<tr><td>EMS
イミュニティ</td><td>・JIS規格など</td><td>・IEC 61000など</td></tr>
<tr><td colspan="2">電気安全</td><td>・電気用品安全法
・JIS規格など</td><td>・低電圧指令
（2014/35/EU）</td><td>・UL規格</td></tr>
<tr><td colspan="2">環境対応</td><td>・J-MOSS</td><td>・WEEE指令
（2012/19/EU）
・RoHS指令
（2011/65/EU）</td><td>・各州により個々に規制</td></tr>
</table>

（注）RE指令（Radio Equipment directive）：電波規格EN 300 330など
ERC/REC 70-30：短距離無線機器の電波規制
ERCはEuropean Radio communications Committee（欧州無線通信委員会），RECはRecommendation
FCC：Federal Communications Commission（連邦通信委員会）

環境対応では，ヨーロッパが最も先行しており，WEEE指令，RoHS指令には罰則規定がある。日本では，日本版のRoHS指令として電気電子機器の6化学物質の表示が義務付けられている。

6.3.1 EMC規制

電波を出すつもりのない一般の電子機器でも，マイクロプロセッサの動作クロックなどから出る電磁波が外部に放射され，当該機器やほかの機器に悪影響を及ぼすことがある。これは，機器が意図せずに放射している不要電磁波である。

まず，電磁波を出す側の正体を知り，EMI（エミッション）を低くすることが必要である。さらに電磁波の影響を受ける側のEMS（イミュニティ）を高くすることも大切である。EMIには，RFID機器から出る不要輻射，雑音端子電圧などが相当する。EMI規制では，不要な電波の輻射を対象機器から3m/10m/30m離れた地点の電界強度で規制している。また，EMSには，RFID機器に入り込む電磁界，伝導，静電気，バースト，サージなどが相当する。このEMI対策とEMS対策ができることをEMCという。

EMCについては，ヨーロッパでは，RE指令（Radio Equipment directive）に対応する規格としてETSI EN 301 489が，アメリカではFCC Part15（15.207, 209）が制定されている。

6.3.2 安全規格

RFID機器は，**図6.3.1**に示すように，一般の電気・電子機器と同様に，電気用品安全法に適合する必要がある（PSEマーク）。また，世界各国にはUL, CE, CSAなどの安全規格が存在する。ヨーロッパにおいては，このCEマークを取得することが義務付けられ，違反に対しては罰則規定がある。

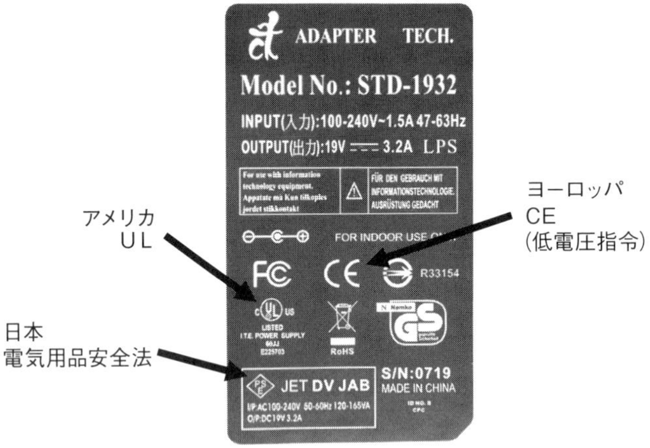

図6.3.1　安全規格

6.3.3　環境対応

国際的規準のベースは，ISO 14000シリーズであり，有害廃棄物の国境を越える移動と処分を規制するバーゼル条約がある。

ヨーロッパの環境対応の主な規制を**表6.3.2**に示す。

RFタグに直接言及する環境に関わる法律はまだないが，考え方の基準となるのは「環境基本法」(1993年制定）である。また，廃棄物，リサイクルへの対応は，「循環型社会形成推進基本法」のもと，「資源有効利用促進法（リサイクル法)」と「廃棄物処理法」が存在する。今後，RFタグの貼付対象物として関係が想定される環境関連法規を**表6.3.3**に示す。

日本では表6.3.2のRoHS指令の有害物質のうち（1）～（6）が2006年7月から日本版RoHSとして施行され，電気・電子機器への含有表示が義務付けられている。RFID機器もこの規制の対象となる。

表6.3.2　ヨーロッパの環境に関する規制

法規	概要
WEEE指令 「廃電気・電子機器令」	廃電気・電子機器の収集，再利用およびリサイクルを義務付ける指令。 2002年10月ヨーロッパ会議で合意。 2003年8月13日施行。 2012年7月4日改正。 2012年8月13日，改正WEEE施行。 2018年8月15日以降，適用範囲をすべての電気電子機器に拡大。
RoHS指令 「電気・電子機器の特定有害物質使用規制」	電気・電子機器に対する特定有害物質の使用制限に関するEUの指令。 2006年7月1日施行，2015年6月4日に4物質追加。 対象物質は以下の10種類。 （1）鉛 （2）水銀 （3）カドミウム （4）六価クロム （5）ポリ臭化ビフェニル（PBB） （6）ポリ臭化ジフェニルエーテル（PBDE） （7）フタル酸ジ-2-エチルヘキシル（DEHP） （8）フタル酸ブチルベンジル（BBP） （9）フタル酸ジ-n-ブチル（DBP） （10）フタル酸ジイソブチル（DIBP）

表6.3.3　RFタグ貼付物に関する環境関連法規

法規	概要	関連団体
容器包装リサイクル法 「容器包装に係る分別収集及び再商品化の促進等に関する法律」	1995年6月制定，12月一部施行，1997年4月本格施行。2004～2006年見直し検討，2006年6月改正，12月施行。 消費者は分別して排出，市町村が分別収集，事業者は再商品化，3者が一体となって廃棄物の削減に取り組むことを義務付ける。 対象は，ガラス製容器，飲料またはしょうゆを充てんするためのペットボトル，飲料用紙パック（アルミが利用されているものを除く），プラスチック製容器包装，紙製容器包装。	公益財団法人 日本容器包装リサイクル協会 https://www.jcpra.or.jp/
家電リサイクル法 「特定家庭用機器再商品化法」	1998年6月制定，2001年4月本格施行。 「エアコン」「テレビ」「冷蔵庫」「洗濯機」の4品目が対象。 排出者（消費者など）は，廃家電を小売業者に引き渡し，収集・運搬費用とリサイクル費用を支払う責務がある。 小売業者は，廃家電の引き取りおよび製造業者等への引き渡し，収集・運搬料金の公表，家電リサイクル券の発行と管理の義務がある。 製造業者は，小売業者からの引き取り，リサイクル（再商品化），リサイクル料金の公表，指定引き取り場所の適正配置および家電リサイクル券の回付と保存の義務がある。	一般財団法人 家電製品協会 https://aeha.or.jp/
建設リサイクル法 「建設工事に係る資材の再資源化等に関する法律」	2000年5月制定，2002年5月施行。 特定の建設資材について，その分別解体等及び再資源化等を促進するための措置を講ずるとともに，解体工事業者について登録制度を実施すること等により，再生資源の十分な利用及び廃棄物の減量等を通じて，資源の有効な利用の確保および廃棄物の適正な処理を図り，もって生活環境の保全および国民経済の健全な発展に寄与することを目的としている。主に建築物等に使用されている建設資材に係る分別解体等および建設資材廃棄物の再資源化等の義務付け，発注者または自主施行者による工事の事前届出，元請業者からの発注者への書面による報告の義務付け，解体工事業者の登録制度や技術管理者による解体工事の監督について定められている。	一般社団法人 産業環境管理協会 資源・リサイクル促進センター https://www.cjc.or.jp/

法規	概要	関連団体
食品リサイクル法 「食品循環資源の再生利用等の促進に関する法律」	2000年6月制定，2001年5月施行。 2007年6月改正。 食品循環資源の再生利用等を総合的かつ計画的に推進するため，食品関連事業者の再生利用等を実施すべき量に関する目標や，再生利用等の実施量，再生利用を促進するための措置等が規定されている。消費者は食品廃棄物の発生そのものを抑える「発生抑制」や食品廃棄物を肥料・飼料・油脂・油脂製品・メタンの原材料として再資源化する「再生利用」の促進に努め，食品関連事業者はさらに食品廃棄物を熱を得ることに利用する「熱回収」，食品廃棄物の量を減少する「減量」に取り組むことが求められている。	食品リサイクル機器連絡協議会 http://www.syokuri.com/
自動車リサイクル法 「使用済自動車の再資源化等に関する法律」	2002年7月制定，2005年1月完全施行。 使用済み自動車（廃車）から出る，自動車エアコンの冷媒として使われているフロン類，爆発性があって処理の難しいエアバッグ類，使用済み自動車から有用資源を回収した後に残る大量のシュレッダーダストの3品目のリサイクルと適正処分を自動車製造業者に義務付ける。 リサイクルにかかる費用は，新車を購入する際に自動車の所有者がリサイクル料金として負担。 自動車リサイクルに関わる事業者は，使用済み自動車の引き取り，引き渡しを行った場合には，一定期間内にその旨を情報管理センターに報告する（電子マニフェスト制度）。	公益財団法人 自動車リサイクル促進センター https://www.jarc.or.jp/
小型家電リサイクル法 「使用済小型電子機器等の再資源化の促進に関する法律」	2012年8月制定，2013年4月施行。 使用済小型電子機器等に利用されている金属その他の有用なものの相当部分が回収されずに廃棄されている状況に鑑み，使用済小型電子機器等の再資源化を促進するための措置を講ずることにより，廃棄物の適正な処理および資源の有効な利用の確保を図り，もって生活環境の保全および国民経済の健全な発展に寄与することを目的とする。 使用済小型電子機器等の再資源化事業を行おうとする者が再資源化事業計画を作成し，主務大臣の認定を受けることで，廃棄物処理業の許可を不要とし，使用済小型電子機器等の再資源化を促進する制度。 対象は一般消費者が通常生活の用に供する電子機器その他の電気機械器具のうち，効率的な収集運搬が可能であって，再資源化が特に必要なもの。	一般社団法人 小型家電リサイクル協会 https://www.sweee.jp/

6.4 電波防護指針とRFID機器運用ガイドライン

電波に対する人体防護について，世界の動きおよび国内電波防護指針，植え込み型医療機器（ペースメーカと除細動器）への影響についてJAISAが自主制定したRFID機器運用ガイドラインについて解説する。

6.4.1　世界の動き（総務省の発表資料より）

① 国際非電離放射線防護委員会（ICNIRP：International Commission on Non-Ionizing Radiation Protection）

ICNIRPは，国際放射線防護学会によって，非電離放射線に関する国際的な独立専門組織として設置された。電波の人体への安全性について，科学的な見地から検討して勧告を行うことを任務としている。これまで，十分な安全率を考慮した電波防護に係るガイドラインを策定しており，多くの国がこれと同等のガイドラインを採用している。わが国も，このガイドラインと同等の電波防護指針を制度化している。

② 世界保健機構（WHO）

WHOは，電波ばく露による健康への影響などを評価し，環境保健基準の検証などを行うことを目的とする国際電磁界プロジェクトを推進中である。わが国も研究に参画している。

③ 国際がん研究機関（IARC：International Agency for Research on Cancer）

WHOの付属機関であるIARCは，電波による発がんリスクの評価を実施するため，大規模な疫学調査を推進中である。わが国も調査を実施し，貢献している。

6.4.2　国内の電波防護指針

（1）電波防護指針の背景

電波防護指針は社会・経済的に電波利用の需要が高まっているなか，電波に対する不安や誤解による無用な混乱を取り除き，電波防護の正しい理解を通して，電波利用の健全な発展を図るため，1990年6月に「電波利用における人体の防護指針」として提示されたものである。十分な安全率を考慮した人体防護を前提として，人体が電磁界にさらされる場合，その電磁界が人体に好ましくない電磁現象を及ぼさない安全な状況であるか否かを判断する際の基本的な考え方と，それに基づく指針値，電波利用施設周辺における電磁界強度等の測定方法や推定法，人体に照射される電磁界の強度を軽減するための防護法が示されている。同指針には「今後，この分野における調査研究が進展し，科学的に裏付けされた根拠や新しい考え方等が示された場合には，社会における電波利用の状況等に応じて本防護指針の内容を改める必要がある」と記載されている。これにより，1997年2月には携帯電話等の普及によりアンテナが身体に近い位置に存在するようになったことから，電波防護指針のうち，身体に近接して使われる無線機器等に関する電波防護指針の具体化，それに伴う電波防護指針の構成等の整理，具体化した電波防護指針の適用法と適用のために必要な電波エネルギー吸収量の測定法，推定法が検討され，「電波利用における人体防護の在り方」として提示された。このように科学の進歩とともに改定されており，2015年には「電波防護指針の在り方」のうち「低周波領域（10kHz以上10MHz以下）における電波防護指針の在り方」，2018年には「電波防護指針の在り方」のうち「高周波領域における電波防護指針の在り方」について改定された。

また，総務省ではその電波の強度の算出方法および測定方法等の概略を解説するものとして「電波防護のための基準への適合確認の手引き」を作成してWebサイトなどで啓蒙している。

(2)国内の電波防護指針の概要

RFID機器に限らず，総務省の電波法施行規則第21条4において，無線設備には，当該無線設備から発射される電波の強度（電界強度，磁界強度，電力束密度および磁束密度をいう。以下同じ）が別表第二号の三の三（**表6.4.1**，**表6.4.2**）に定める値を超える場所（人が通常，集合し，通行し，その他出入りする場所に限る）に，取扱者のほか容易に出入りすることができないように施設をしなければならないとされている。また，無線局から発射される電波の強度の求め方の算出例は，総務省から発行された「電波防護のための基準への適合確認の手引き」で記載されている。

① 電波の強度に関する安全施設

電波法施行規則第21条の4にて，次の項目を除いた無線設備には，**表6.4.1**および**表6.4.2**に定める値を超える場所に取扱者のほかは容易に出入りすることができないように，施設をしなければならないと定められている。

- 平均電力が20mW以下の無線局の無線設備
- 移動する無線局の無線設備
- 地震，台風，洪水，津波，雪害，火災，暴動その他非常事態が発生し，または発生するおそれがある場合において，臨時に開設する無線局の無線設備
- 上記のほか，この規定を適用することが不合理であるものとして総務大臣が別に告示する無線局の無線設備

表6.4.1　別表第二号の三の三　電波の強度の値（第21条の4関係）—1

周波数	電界強度の実効値〔V/m〕	磁界強度の実効値〔A/m〕	電力束密度の実効値〔mW/cm²〕
100kHzを超え 3MHz以下	275	$2.18f^{-1}$	
3MHzを超え 30MHz以下	$824f^{-1}$	$2.18f^{-1}$	
30MHzを超え 300MHz以下	27.5	0.0728	0.2
300MHzを超え 1.5GHz以下	$1.585f^{1/2}$	$f^{1/2}/237.8$	f/1500
1.5GHzを超え 300GHz以下	61.4	0.163	1

（注）1：fは，MHzを単位とする周波数とする。
2：電界強度，磁界強度および電力束密度は，それらの6分間における平均値とする。
3：人体が電波に不均一にばく露される場合その他総務大臣がこの表によることが不合理であると認める場合は，総務大臣が別に告示するところによるものとする。
4：同一場所もしくはその周辺の複数の無線局が電波を発射する場合または一の無線局が複数の電波を発射する場合は，電界強度および磁界強度については各周波数の表中の値に対する割合の自乗和の値，また電力束密度については各周波数の表中の値に対する割合の和の値がそれぞれ1を超えてはならない。

表6.4.2　別表第二号三の三　電波の強度の値（第21条の4関係）—2

周波数	電界強度の実効値〔V/m〕	磁界強度の実効値〔A/m〕	磁束密度の実効値〔T〕
10kHzを超え10MHz以下	83	21	2.7×10^{-5}

（注）1：電界強度，磁界強度および磁束密度は，それらの時間平均を行わない瞬時の値とする。
2：人体が電波に不均一にばく露される場合その他総務大臣がこの表によることが不合理であると認める場合は，総務大臣が別に告示するところによるものとする。
3：同一場所もしくはその周辺の複数の無線局が電波を発射する場合または一の無線局が複数の電波を発射する場合は，電界強度，磁界強度および磁束密度については表中の値に対する割合の和の値，または国際規格等で定められる合理的な方法により算出された値がそれぞれ1を超えてはならない。

また，表6.4.1および表6.4.2の注にある「人体が電波に不均一にばく露される場合その他総務大臣がこの表によることが不合理であると認める場合は，総務大臣が別に告示するところによるものとする」の告示は平成29年総務省告示第309号であり，次の内容である。

人体が電波に不均一にばく露される場合の電波の強度の値は，**表6.4.3**および**表6.4.4**のとおりとする。また，頭部と体部の全組織における体内電界について，国際規格などに定められる合理的な方法により測定または推定できる場合の電波の強度の値は，**表6.4.5**のとおりとする。

表6.4.3　人体が電波に不均一にばく露される場合の電波の強度の値—1

周波数	電界強度の実効値の空間的平均値〔V/m〕	磁界強度の実効値の空間的平均値〔A/m〕	電力束密度の実効値の空間的平均値〔mW/cm^2〕	電力束密度の実効値の空間的最大値〔mW/cm^2〕
100kHzを超え3MHz以下	275	$2.18f^{-1}$		
3MHzを超え30MHz以下	$824f^{-1}$	$2.18f^{-1}$		
30MHzを超え300MHz以下	27.5	0.0728	0.2	
300MHzを超え1GHz以下	$1.585f^{1/2}$	$f^{1/2}/237.8$	$f/1500$	4
1GHzを超え1.5GHz以下	$1.585f^{1/2}$	$f^{1/2}/237.8$	$f/1500$	2
1.5GHzを超え300GHz以下	61.4	0.163	1	2

（注）1：fは，MHzを単位とする周波数とする。
　　2：電界強度，磁界強度および電力束密度は，それらの6分間における平均値とする。
　　3：同一場所もしくはその周辺の複数の無線局が電波を発射する場合または一の無線局が複数の電波を発射する場合は，電界強度および磁界強度については各周波数の表中の値に対する割合の自乗和の値，また電力束密度については各周波数の表中の値に対する割合の和の値がそれぞれ1を超えてはならない。

表6.4.4　人体が電波に不均一にばく露される場合の電波の強度の値—2

周波数	電界強度の実効値の空間的平均値〔V/m〕	磁界強度の実効値の空間的平均値〔A/m〕	磁束密度の実効値の空間的平均値〔T〕
10kHzを超え10MHz以下	83	21	2.7×10^{-5}

（注）1：電界強度，磁界強度および磁束密度は，それらの時間平均を行わない瞬時の値とする。
　　2：同一場所もしくはその周辺の複数の無線局が電波を発射する場合または一の無線局が複数の電波を発射する場合は，電界強度，磁界強度および磁束密度については表中の値に対する割合の和の値，または国際規格等で定められる合理的な方法により算出された値がそれぞれ1を超えてはならない。

表6.4.5　頭部と体部の全組織における体内電界について，国際規格等で定められる合理的な方法により測定または推定できる場合の電波の強度の値

周波数	体内電界の実効値〔V/m〕
10kHzを超え10MHz以下	$135\times f$

（注）1：fは，MHzを単位とする周波数とする。
　　2：同一場所もしくはその周辺の複数の無線局が電波を発射する場合または一の無線局が複数の電波を発射する場合は，電界強度，磁界強度および磁束密度については表中の値に対する割合の和の値，または国際規格等で定められる合理的な方法により算出された値がそれぞれ1を超えてはならない。

② 防護方法

防護方法は，次の5項目を組み合わせて最適な効果を得られるようにする。ただし，これは特別な条件を考慮した具体的な解決策について言及するものではない。

a：遮断・絶縁

電磁波源と人体との間を電磁気的に遮断または絶縁して対策を講じる。

- 電磁遮へい材で覆って遮断する。
- 電波吸収体で電磁界強度を軽減する。
- 接触電流は，金属物体を非誘導材で被覆したり，金属体を設置したりする。
- 足首誘導電流は，床面を絶縁状態にする。
- 基礎指針に基づいて評価された防護具使用で軽減する。

b：距離制限

電磁波源と人体との間の距離を一定以上確保して対策を講じる。利用状態において，指針に適合する機器構造とする。

- 電磁波源から一定の距離を立入禁止とする。
- 空中線（アンテナ）の地上高を高くする。

c：時間制限

電磁波源の送信時間または稼働時間を小さくし，平均時間の評価を考慮して対策を講じる。

- 間欠利用される設備のデューティサイクルを小さくする。
- 稼働（操作）時間を平均時間（6分間）内で制御する。

d：電力制限

対象空間に対する輻射電力量を低減することによって対策を講じる。

- 複数電磁波源が集中しないように配置する。
- 保守などの特殊状況では，一時的に電磁波源の出力を低減または停止する。
- 空中線（アンテナ）の輻射パターンを特定な方向に向かないようにする。

e：安全管理

安全管理マニュアル，機器の操作説明書などにおいて，防護に関して必要な情報を明示し，操作者，運用者がこの情報に基づく適切な行動によって励行することで対策する。

- 障害発生の可能性と回避行動
- 立入禁止区域の設定，標識の掲示，注意書き表示
- 電磁波源との適切な距離確保
- 金属物の着用制限
- 電磁界強度モニタなどの利用
- 測定・推定などによる電磁波強度の事前確認
- ペースメーカ装着者などの特異な状況

④ RFID機器使用前の確認事項

RFID機器を使用する際は電波防護のための基準の制度化により，RFID機器を無線局として開設する者は，無線局から発射される電波の強さが基準値へ適合することを確認することが必要である。基準値を超える場所がある場合には，無線局の開設者が柵などを施設し，一般の人々が容易に出入りできないようにする必要がある。

基準値の適合を確認する手順を**図6.4.1**の①～⑦に示す。詳しくは，「電波防護のための基準への適合確認の手引き」などを確認し，不明点があれば，最寄りの総合通信局に相談すること。

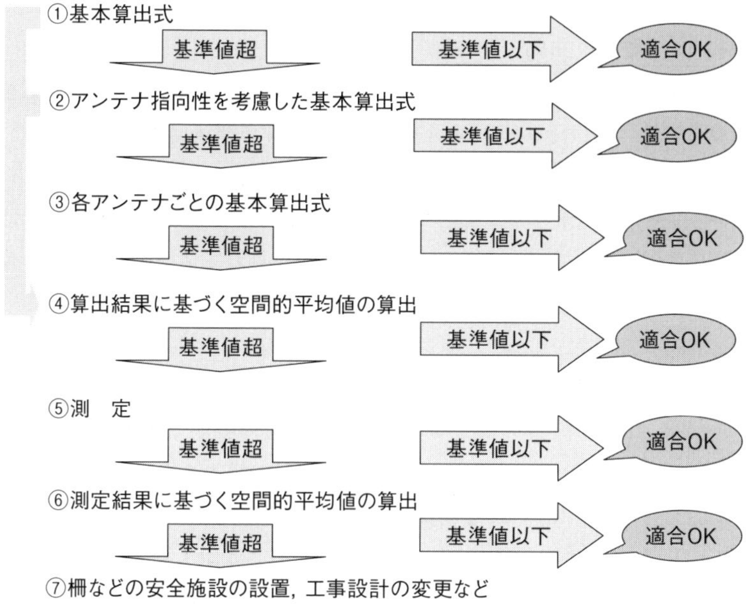

図6.4.1　基準値の適合確認手順

6.4.3　RFID機器運用ガイドライン

(1)経緯

これまでRFIDシステムは，一般の人が容易に近づけない工場の生産現場である管理された区域を中心に，各種物品の在庫管理，盗難防止装置などに使用されてきた。現在では，携帯電話機と同様に，図書館での図書管理，電子マネー，電子乗車券などの一般の人が容易に立ち入れる場所にもRFIDシステムが普及しており，物流・流通分野を中心としたオープンなRFIDシステムが利用されている。

携帯電話機やPCの無線LANシステムと同様に，RFID機器も植込み型医療機器（植込み型心臓ペースメーカ（以下，PMと呼ぶ）および植込み型除細動器（以下，ICDと呼ぶ））への影響が懸念されてきた。総務省から委託を受けた一般社団法人 電波産業会は，PMおよびICDを，2000年度の調査以降，国内製造販売承認時期によってⅠ期（1995年以前），Ⅱ期（1996～1998年），Ⅲ

期（1999～2002年），Ⅳ期（2003～2006年），Ⅴ期（2007～2010年），Ⅵ期（2011～2014年），Ⅶ期（2015～2018年）およびⅧ期（2019年以降）に分類し，電気的性能面から代表的な機種とその後新たに輸入販売の承認が得られた機種を試験対象に，「電波の医用機器などへの影響に関する調査研究」を行ってきた。

この調査研究報告書に示された総務省からの指針をもとに，JAISAは，RFID機器運用ガイドラインの整備，RFID機器の設計情報を整理するためのモデル干渉試験およびシミュレーションなどを実施して情報を公開し，医療機器への影響を最小限とするための方策を検討している。

(2)調査研究結果

JAISAは，RFID機器の調査研究に関する総務省からの依頼を受けて，RFID機器ベンダへの機器提供を呼びかけ，28社の協力を得て，国内で販売されているRFID機器のすべてを網羅した調査結果を得ることができた。

PMおよびICDに対してほとんどが影響を及ぼさないものの，一部のRFID機器からの電波は影響を与えることを確認した。JAISAでは，経済産業省，総務省，厚生労働省の指導を受けて，以下の対応策を実施している。

① RFID機器運用ガイドラインの制定

この運用ガイドラインは，2003年7月より発行され，これまでの試験結果を反映する形で順次改訂されてきた。

また，RFID機器の所在を明確にするための警告文についても，要件を準備して運用ガイドラインの中に記載した。JAISAでは，RFID機器運用ガイドラインなどの周知徹底を行い，安全性の確保に努めている。また，非会員に対しては，各種セミナーなどを通じて啓蒙活動を継続的に実施している。

② 北海道大学との共同研究（ISO/IEC TR20017の規格化活動）

国内外のRFID機器ベンダは，日本の電波法のもと，一般社団法人 電波産業会の「ARIB」規格や「高周波利用設備　誘導式読み書き通信設備」の規格に則って，EMC対策を施したRFID機器を発売している。

一方，PMおよびICD機器も同様に，EMC対策を施して発売している。しかし，国内で使用されている約300機種のPMおよびICDは欧米から輸入されているため，国内の電波を利用した機器が，これらの医療機器へどのくらいの影響があるかどうか測定・評価し，安全性を向上する努力が求められている。

総務省での2003～2006年度の調査研究にてRFID機器が植込み型医療機器（以下「医療機器」という）に干渉を与えることが判明した。そこで，JAISAでは，北海道大学と共同で，干渉防止に関する共同研究を実施し，その効果が認められた。特にRFID機器に関しては，海外各国ではまだ十分な検証が行われていなかったため，日本が最新の情報を所持していた。また，JAISAは，RFID機器の存在を医療機器の装着者に明示するため，RFID機器に貼付するRFIDステッカを制定し，国内のRFID機器ベンダに貼付を呼びかけている。

このような背景のもと，JAISAは北海道大学と共同で，RFID機器が医療機器に与える影響に関して深く研究し，その成果を国際標準化に向けて，2008年度から3年計画でISO規格として提案し成立した。

提案内容は大きく2つあり，まず1番目としては，スーパーコンピュータのシミュレーション方法とその結果，および実機による試験結果との相関性の報告である。この成果により，安全性の高い医療機器やRFID機器の機器開発を容易にすることができ，双方の業界の機器安全性を高め，事故発生のリスクを軽減することが可能になる。特に国内には医療機器製造業者が存在していなかったため，それまでの共同研究による対策を海外の医療機器製造業者に周知する必要があり，そのためにもISOへの提案は必須であった。

2番目は，RFID機器のRFIDステッカの国際共通化である。国内ではすでに，RFIDステッカは基本的に同一デザインを使用しているが，このステッカの認知度を高めて国際的に共通使用することで，産業機器業界だけでなく，ワールドワイドで医療機器装着者のRFID機器の影響による不具合発生リスクを低減することにも寄与することができる。

2008年に，ISO/IEC JTC1/SC31/WG4/SG5に提案し，2009年にISO/IEC TR 20017として承認され，2011年2月7日に開催されたSC31/WG4/SG5会議において，51％以上の賛成票を得てTRの成立の運びとなった。

6.5 無線局の申請手続き

タグシステムは，使用者の免許が不要な微弱無線局，誘導式通信設備，誘導式読み書き通信設備および特定小電力無線局と，使用者の免許取得や無線局の登録が必要な構内無線局および陸上移動局に大別される（**表6.5.1**）。

タグシステムの使用者は，免許または登録の必要な構内無線局および陸上移動局のRFID機器を設置する場合，事前に総務省に対して無線局を開設する手続きをする必要がある。申請手続きなどについて本節で概説する。

まず，使用者は，**図6.5.1**に示す全国11か所の総合通信局の中から該当する申請場所に対して，申請書類に必要な情報を記入して送付する。無線局開設の申請にあたり，申請時の費用と年間の電波利用料の費用負担が必要である。申請費用と電波利用料は見直されることがあるため，都度，確認して申請すること。

図6.5.2，**図6.5.3**にそれぞれ免許局と登録局の申請方法を示す（詳細は920MHz帯RFID無線局申請ガイドラインを参照）。

また，無線設備の使用者は原則として総務大臣の免許を受けて無線従事者になる必要があるが，タグシステムの免許局および登録局においては適合表示無線設備を使用する限りにおいては，一部を除き施行規則第33条の無線従事者の資格を要しない簡易な操作を行う無線局に該当するため，基本的には無線従事者の選任は不要となる。

ただし，免許局の陸上移動局については適合表示無線設備であっても，当該簡易な操作を行う無線局には該当しないため，開設時に総合無線通信士，陸上無線技術士または陸上特殊無線技士（国内電信級陸上特殊無線技士を除く）を有した者を主任無線従事者もしくは無線従事者として選任する必要がある。

資格が必要な上記の無線設備でも，主任無線従事者の監督を受ければ無資格者でも操作が可能となる。

表6.5.1 周波数別の電波法関連規則およびARIB規格

周波数	交信方式	使用者の申請	日本の電波法関連規則および ARIB規格
135kHz未満	パッシブ	不要	誘導式通信設備
13.56MHz	パッシブ	不要	誘導式読み書き通信設備 ARIB STD-T82
2.45GHz帯	パッシブ	免許または登録	構内無線局 RCR STD-1
		不要	特定小電力無線局 RCR STD-29
		不要	特定小電力無線局 ARIB STD-T81
920MHz帯	パッシブ	免許または登録	構内無線局 ARIB STD-T106
		免許または登録	陸上移動局 ARIB STD-T106
		不要	特定小電力無線局 ARIB STD-T107
	アクティブ	免許または登録	陸上移動局 ARIB STD-T108
		不要	特定小電力無線局 ARIB STD-T108
433MHz帯	アクティブ	不要	特定小電力無線局 ARIB STD-T92

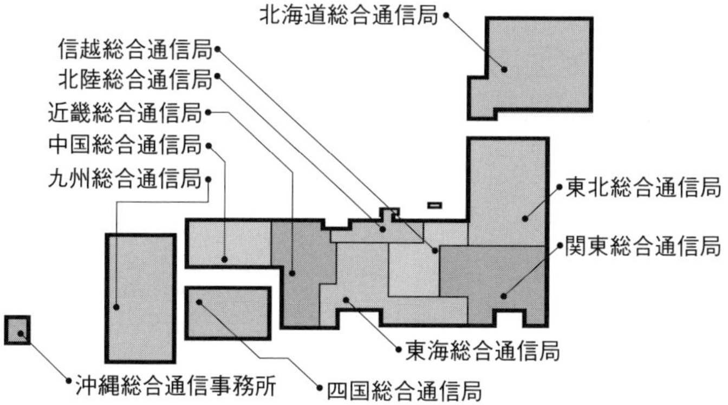

総務省電波利用ホームページ（電波利用.jp）より

図6.5.1 全国の総合通信局マップ

申請フローと必要書類（免許局）　※括弧書きの書類は必要に応じて準備する

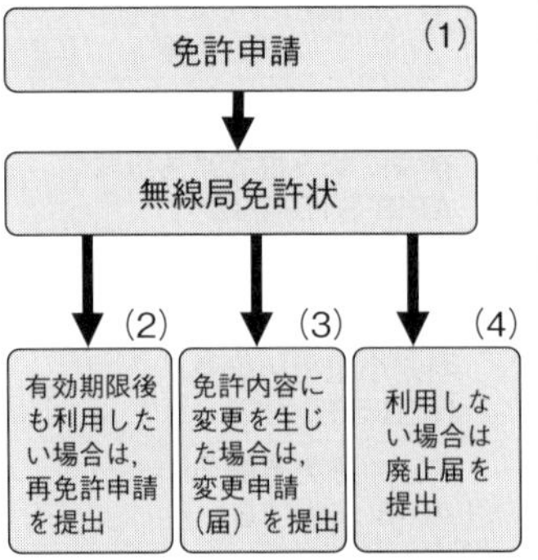

電子申請については下記URLをご覧ください
https://www.denpa.soumu.go.jp/public/index.html
電波利用料については下記URL をご覧ください
https://www.tele.soumu.go.jp/j/sys/fees/sum/money.htm
有効期間満了6～3ヶ月前（電子申請の場合は1ヶ月前）までに提出が必要（通知なし）

	費用	必要書類　※	申請場所
(1)	3,550円 （電子申請 2,550円）	•免許申請書① •事項書及び工事設計書② •(【陸上移動局のみ】無線従者選任届③) •免許状返信用封筒④ •(システム構成図⑤) •(委任状⑥)	常置場所の地域を管轄している総合通信局
書類ダウンロード先 http://www.soumu.go.jp/soutsu/kanto/ru/konai/index2.html 費用は見直しが入り，変更する可能性がありますので， 都度ご確認ください。（電波利用料は少なくとも3年ごと）			
	電波利用料（年間） 400円/1局	請求書	請求書記載の方法で支払
(2)	1,950円 （電子申請 1,500円）	•再免許申請書⑨ •免許状返信用封筒④ •(委任状⑥)	免許状に記載されている総合通信局
(3)	不要	•無線局変更申請（届）書⑦ •変更時事項書及び工事設計書⑧ •免許状返信用封筒④ •(システム構成図⑤) •(委任状⑥) ◎陸上移動局：一時的な移動の場合は不要（常置場所が変更の場合は必要）	免許状に記載されている総合通信局
(4)	不要	•免許局廃止届⑩ •(委任状⑥)	免許状に記載されている総合通信局

図6.5.2　免許局の申請方法と必要書類

申請フローと必要書類（登録局）　※括弧書きの書類は必要に応じて準備する

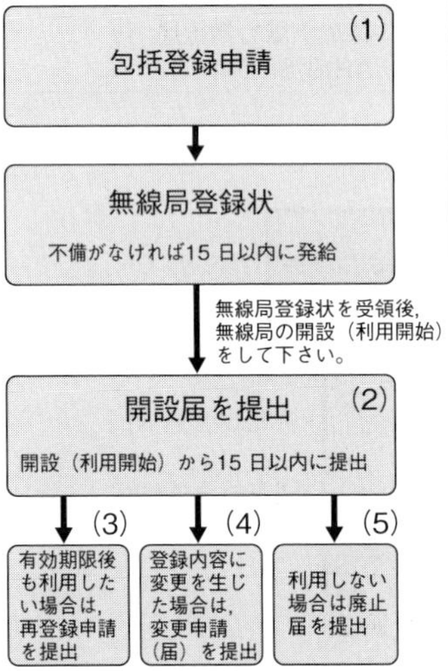

有効期間満了3～1ヶ月前までに提出が必要（通知なし）

	費用	必要書類　※	申請場所
(1)	2,900円 （電子申請 2,150円）	・包括登録申請書⑪ ・登録状返信用封筒④ ・(委任状⑥)	本社がある地域を管轄している総合通信局
書類ダウンロード先 http://www.soumu.go.jp/soutsu/kanto/ru/konai/youshiki.html 費用は見直しが入り，変更する可能性がありますので， 都度ご確認ください。（電波利用料は少なくとも3 年ごと）			
(2)	不要	・開設届⑫ ・(システム構成図⑤) ・(委任状⑥)	常置場所の地域を管轄している総合通信局
	電波利用料（年間） 400円/1局	請求書	請求書記載の方法で支払
(3)	1,850円 （電子申請 1,400円）	・包括再登録申請書⑭ ・登録状返信用封筒④ ・(委任状⑥)	登録状に記載されている総合通信局
(4)	不要	・開設局変更届⑬ ・(システム構成図⑤) ・(委任状⑥) ◎陸上移動局：機器の移動の場合は不要	変更前の常置場所の地域を管轄している総合通信局
(5)	不要	・包括登録廃止届⑮ ・(委任状⑥)	全局：登録状に記載されている総合通信局 各局：常置場所の地域を管轄している総合通信局

図6.5.3　登録局の申請方法と必要書類

6.6 日・欧・米の規制

世界の電波は，**図6.6.1**に示すように第1地域（ヨーロッパ，ロシア，アフリカ），第2地域（南北アメリカ），第3地域（オーストラリア，日本，アジア）の3つに分けられている。これは，ITU-R（International Telecommunication Union-Radiocommunication Sector：国際電気通信連合の無線通信部門）において決められている。各地域によって電波に関する法律や基準などが異なっている。また，各地域の中においても，各国がそれぞれの電波法を制定しているため，まったく同じ規定の国はないともいえる。

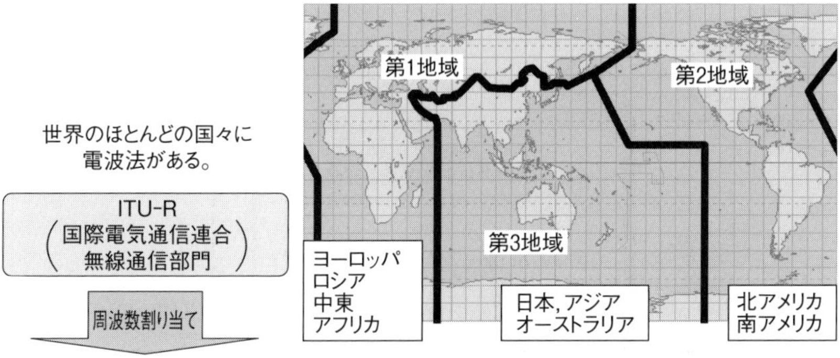

	第 3 地域	第 1 地域	第 2 地域
	日　本	ヨーロッパ	アメリカ
必　須	電波法(総務省)	RE指令 (2014/53/EU) ERC/REC 70-03 ⇒ 各国電波法	FCC Part 15 Subpart C など
任　意	ARIB規格	—	—

(注) ITU-R　：International Telecommunication Union – Radiocommunication Sector
ARIB　：Association of Radio Industries and Businesses（一般社団法人電波産業会）
RE指令　：Radio Equipment Directive　2014/53/EU
電波規格 EN 300 330など
ERC/REC 70-03：ERC(ヨーロッパ無線通信委員会)Recommendation 70-03(短距離無線機器の電波規制)
FCC　：Federal Communications Commission(連邦通信委員会)

図6.6.1　世界の電波監理地域

国際的には**図6.6.2**に示すような複数のISM周波数（①～⑤）が規定されており，産業，科学，医療分野で各国の電波法の範囲内で自由に使用してよい。ある周波数をISM周波数に規定するかどうかは，ITU-Rが決めることであり，各国が勝手に決めることはできない。

アメリカの場合は，FCC（Federal Communications Commission：連邦通信委員会）が制定する規格（FCC Part 15）が，ヨーロッパの場合はRE指令やERC/REC 70-03（ERC：European Radio communications Committee, REC：Recommendation）があり，これをもとにヨーロッパ各国はそれぞれの電波法を制定している。

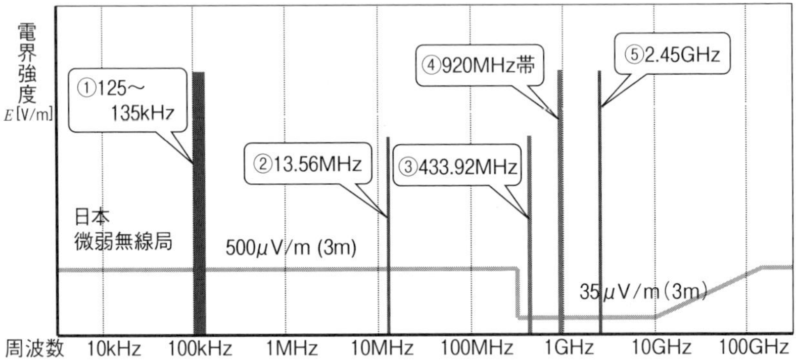

図6.6.2　RFIDで使用できるISMの周波数帯域の概念図

第7章

使用上の留意点と活用法

ここでは，RFIDを利用するための一般的な留意点を示し，次いで周波数帯域ごとに活用法を述べる。

7.1 RFID利用上の一般的な留意点

7.1.1　金属の影響

電波は金属の影響を受けやすいため，RFタグを金属に直接貼付したり，RFタグの近くに金属が存在したりすると，リーダライタとRFタグ間の交信距離が低下する。そこで，RFタグと金属の間，リーダライタのアンテナと金属の間の離隔距離の確保や，アンテナやRFタグへの金属対応処理を施す必要がある。ただし，金属対応処理を施した場合，RFタグとリーダライタのアンテナ間の交信距離が数十%低下するので，注意を要する。

7.1.2　複数一括読み取り率の向上

RFタグが貼付された貼付物や混載状況によっては，複数一括読み取りで100%の読み取りができないことがあるので注意を要する。読み取り率は，例えば以下に示すような工夫で向上させることができる。

- 商品タグとほかの計測器の組合せ
  例えば100gの商品を10個パレット上に搭載したが，タグの破損や指向性によって9個の商品しか読み取れない場合，重量計と組み合わせることで，重量計が10個分（1kg）を表示していればOKとみなす。出荷サイドと入荷サイドの連携が必要である。
- パレットタグと商品タグの組合せ
  パレットタグに書き込まれた数量情報と，パレット上に積載されたすべての商品タグの数量情報が同じであればOKとみなす。出荷サイドと入荷サイドの連携が必要である。

7.1.3 RFタグが破損した場合を想定しておく

通常の使い方をすればRFタグの破損はめったに起こらないが，もし規定以上の衝撃が加わってRFタグが破損した場合，RFタグのメモリ内の情報を読み出すことができなくなる。通常時より目視できる情報と併用することで，RFタグが破損しても操業の継続が可能となる。

7.1.4 RFタグは，アンテナの指向性により読み取り率が変化する

RFタグの貼付位置が対象物個々によって異なる場合，指向性による制限があるため，1台のリーダライタでは読み取り率に限界がある。これに対して，次のような対応策が考えられる。

- 複数のアンテナで，複数の方向から読み取る。
- ターンテーブルに複数の商品を搭載したパレットを置き，ターンテーブルを回転しながら読み取る。
- パレット上に，アンテナで確実に読み取れるように整列させてRFタグを搭載する。

7.1.5 パッシブタグへの書き込み時は交信距離に注意する

RFタグへの書き込みの際，リードアフターライト機能により，データが正しく書き込まれたか確認している。そのため，RFタグでの処理時間が長くなる。また，書き込み時の消費電力が読み取り時よりも多く消費される。これがRFタグの書き込み可能距離の低下を招き，読み取り可能距離との差が出る。

書き込み処理が必要なアプリケーションでは，RFタグの書き込み距離に留意が必要である。

7.2 各周波数帯の活用法

7.2.1 135kHz未満RFIDシステムの活用法

この周波数帯は，1990年代から提供されてきた。電磁結合方式より交信距

離が長い，水の影響を受けにくい，金属の影響もほかの周波数帯より少ないという特性を有する。ISO/IEC 18000-2には，Type A，Type Bの2タイプがあり，周波数，変調方式の互換性はない。

Type Aは，周波数125kHzのASK変調方式であり，回路規模を小さくできることからRFタグをType Bより安価に提供できる。Type Bは，周波数134.2kHzのFSK変調方式であり，Type Aよりノイズ環境に強い。

この周波数帯のRFタグは，ラベル型のRFタグには向かない。数百ターンの巻線アンテナを内蔵したコイン型のRFタグが主流である。RFタグが高価なため，タグを再利用できるアプリケーションに適している。

また，この周波数帯は，ISOで標準化が審議される前から各国で独自に開発され，互換や代替の難しい製品が多い。製造業者によるサポートがなくなると，代替品がないため，採用にリスクが伴う。オープンな環境では採用しづらい。

135kHz未満の周波数帯は，蛍光灯やインバータモータなどのような動力源ノイズの影響を受けやすい。これを緩和するには，ノイズ発生の動力源を遠ざける，ノイズ発生の動力源を物理的に電磁シールドするなどの方策がある。

7.2.2　13.56MHz RFIDシステムの活用法

この帯域はRFタグの設計，交信距離，電波の相互干渉，水の影響など最もバランスのよいのが特長である。ISO/IEC 18000-3は，カード規格ISO/IEC 15693に一部機能を追加したモード1，高速通信が可能なモード2，EPCglobalの規格がベースとなったモード3が存在するが，この3つのモードには，通信速度，変調方式などに互換性がないので取り扱いに注意が必要である。

国内では，2002年9月の電波法令改正により免許を要する構内無線局から免許を要しない高周波利用設備に規制緩和されたこともあり，国内で最も普及しているRFIDシステムである。しかし，金属の影響や複数一括読み書きなどの課題があり，アプリケーションによっては，それらへの対策を講じることが必要である。

(1) アンテナの背面金属による影響

アンテナの背面近くに金属が位置する場合，読み書き率が低下する（**図7.2.1**）。

これは，金属面に渦電流が発生して磁束の数が減少することにより，パッシブタグに起電力を十分に供給できないためである。アンテナに金属背面処理を施すことにより，アンテナを金属に取り付けてもRFタグとの交信が可能になる。

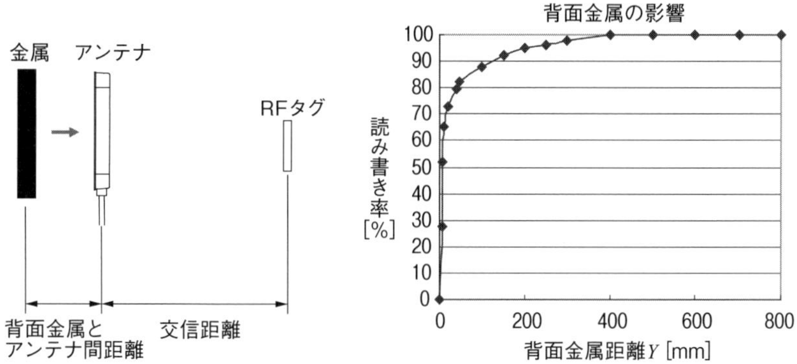

図7.2.1 アンテナの背面金属による影響

(2) RFタグの背面金属による影響

RFタグの近くに金属が位置する場合，読み書き率が低下する（**図7.2.2**）。原因は，アンテナの場合と同じである。RFタグに背面金属処理を施すことにより，RFタグを金属に貼付しても，リーダライタとの交信が可能となる。RFタグの金属背面処理を行うことでRFタグの価格がより高価になるため，使い捨て型より再利用型のアプリケーションに適している。

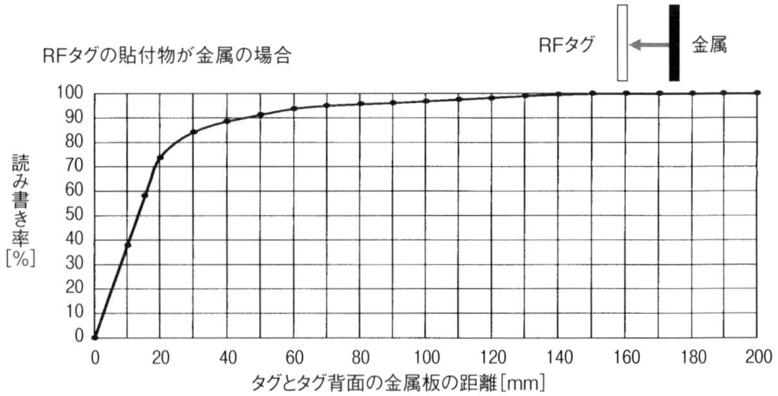

図7.2.2　RFタグの背面金属による影響

(3) アンテナの周囲金属による影響

アンテナ周囲に金属が存在するとアンテナループを通過する磁束が減少するため，アンテナと周囲金属との間の離隔距離を確保することが重要である（**図7.2.3**）。また，周辺に金属のループが存在すると，電磁誘導作用で周辺の金属ループがアンテナとなり，リーダライタのアンテナの交信領域外にあるRFタグと交信してしまう場合がある。リーダライタのアンテナの周囲に，金属ループを形成させないようにする必要がある。

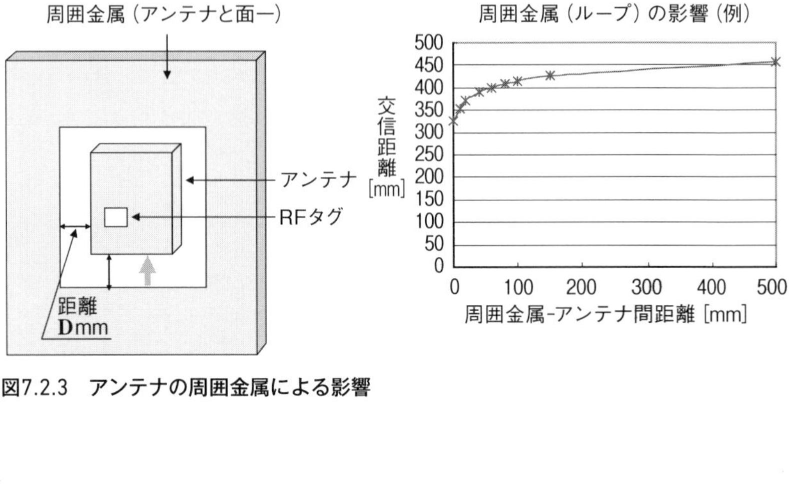

図7.2.3　アンテナの周囲金属による影響

(4)複数アンテナ設置時の相互干渉

電磁誘導方式のRFID機器間の相互干渉は，**図7.2.4**に示すように電磁界放射面が平行の場合は，1m以上の離隔距離を取ることで干渉を緩和できる。また，電磁界放射面が対向する場合は，1.5m以上の離隔距離で干渉を緩和できる。

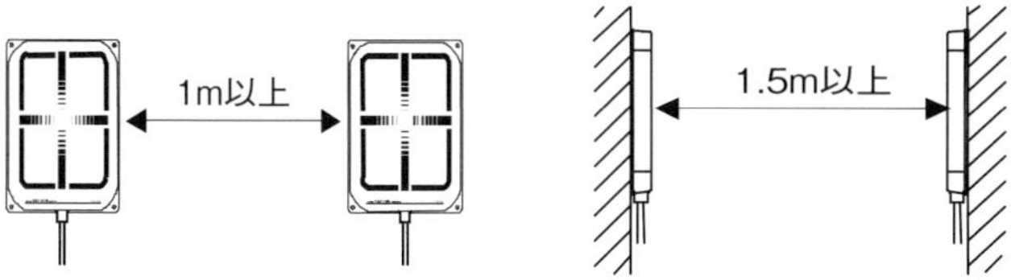

(a)平行設置する場合　(b)対向設置する場合

図7.2.4　RFID機器のアンテナ間の相互干渉（例）

ただし，上記の離隔距離は互いのアンテナの間に金属などが存在しない場合を想定したものである。現場の環境によっては，さらに長い離隔距離を要することもあり，注意が必要である。

(5)RFタグの傾きによる影響

パッシブタグでは，アンテナを構成しているループコイルにリーダライタからの磁束が交差しないと，ICチップが稼働するための十分な電力を供給できない。**図7.2.5**に示すように，RFタグのループアンテナ面がリーダライタのアンテナ面に平行な角度で存在するとき，最大の電力を供給でき，読み書き率も最大となる。RFタグのループアンテナ面がアンテナ面に垂直（$\theta = 90$度）まで傾くと，RFタグのループアンテナを通る磁束が少なくなるため十分な電力が供給されない。

このため，コンベア上を流れる製品に貼付されたRFタグと交信する際は，RFタグ面とアンテナ面の交差角度に留意する。

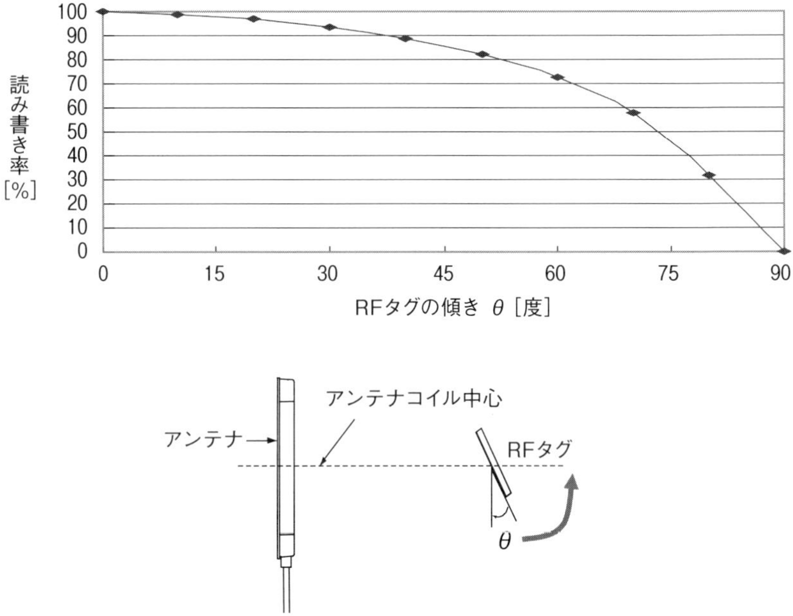

図7.2.5　RFタグの傾きによる影響

(6)複数RFタグの重なりの影響

複数のRFタグの一括読み取り機能は，RFIDの優れた特徴である。しかし，RFタグの並び方によっては読み取りが困難な場合があるので注意を要する。**図7.2.6**に示すように，アンテナ面に平行に複数枚が重ならないで配置されているときは，問題なく読み書きできる。しかし，アンテナ面に垂直方向に複数枚のRFタグが重なると，読み取り枚数が制限され，一部が正しく読み取れないことがある。これは，アンテナから出る磁束がRFタグを通過するたびに弱くなることに加え，RFタグのアンテナ間での相互干渉が起きて交信距離の低下を招くためである。

複数枚のRFタグを垂直方向に読み書きするアプリケーションでは，RFタグが連続して重ならないように積めば，その影響はかなり緩和される。

(a)2枚のタグの重なり

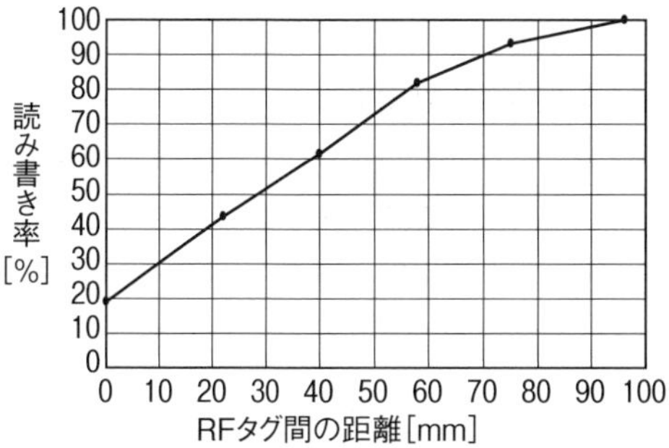

2枚のタグの重なりによる交信距離の減衰

(b)複数枚のタグの重なり

タグ間隔	通信距離[mm]	読み取り可能枚数
5mm	0mm	3～5枚
	10mm	3枚
	90mm	2枚
8mm	0mm	3～4枚
	10mm	3枚
	95mm	2枚
10mm	0mm	5枚
	90mm	4枚

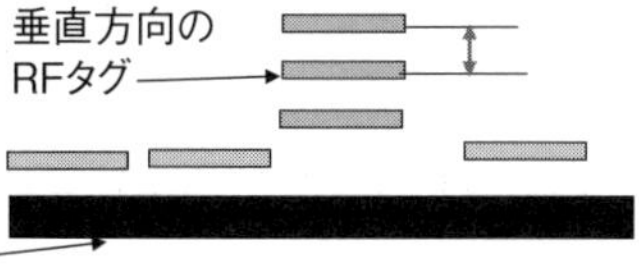

図7.2.6 RFタグの複数枚の読み取り（例）

7.2.3 433MHz RFIDシステムの活用法

現在の電波法では，この433MHzアクティブRFIDシステムは，港湾の貨物埠頭にあるコンテナなどのロケーションを管理するための国際物流アプリケーションに用途が限定されている。

(1)優れた項目

- 周波数が低いので，回り込みが大きく障害物に強い。
- パッシブ方式と比較して，RFタグの取り付けに制約が少ない。
- 交信領域が広い。
- RFタグは電池内蔵で，この電源を使用して，温度センサや圧力センサ，振動センサなどと組み合わせた高機能RFタグも提供が可能である。

(2)使用する際の留意事項

- RFタグは電池内蔵のため，電池寿命の管理が必要である。
- アマチュア無線の周波数帯域の一部を使用しているため，アマチュア無線との相互干渉に留意が必要である。
- アクティブタグなので高価である。

- 用途が港湾地域に限定されている。

7.2.4　860～960MHz RFIDシステムの活用法

このUHF帯は，他の周波数に比べて交信距離が長い，周辺ノイズに対して強い，水分や金属の影響を受けやすいなどの特徴がある。

野菜，冷凍品，水分を含んだ商品へRFタグを貼り付けた場合や，リーダライタとRFタグ間の交信経路上に雨や人体などが存在する場合，読み取り率は低下する。また，アンテナから発射される直接波と壁などから反射した反射波の位相が一致し，強め合って，交信できる領域が新たにできたり，逆位相になって弱め合い，交信できない領域が新たにできたりする現象が生じる。設置時の現場環境に留意が必要である。

UHF帯電波方式はアンテナとRFタグ間の交信距離を長く取ることができるが，アンテナから送出される電波による相互干渉が発生しやすい。UHF帯のRFID機器の導入・運用に際しては，実機による実証実験などにより，次のような影響を事前に確認してから導入することが重要である。

(1) リーダライタが密集した設置場所での相互干渉

共用化条件を具備したリーダライタを密集して設置した場合，送信チャネルを適切に選択することが必要であるが，周囲の環境や状況により，次のような事象が発生することがある。

① タグのコンフュージョン

図7.2.7に示すように，近接してリーダライタを設置すると，異なるチャネルを使っていても，RFタグはほかのリーダライタからの干渉波により妨害を受けて読み取り率が低下する。このような現象をタグのコンフュージョンという。

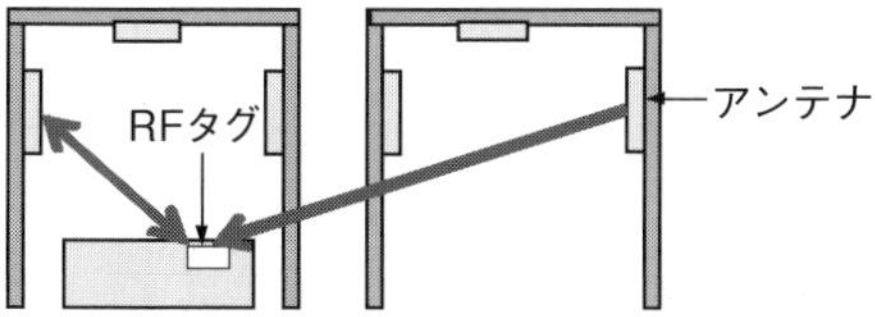

図7.2.7　RFタグコンフュージョン

② 領域外からの読み込み

図7.2.8に示すように，ほかのリーダライタの交信領域にあるRFタグも読み込んでしまうことがあるため，十分に注意する。アンテナ間の距離を長く取る，物理的なシールドを施す，アンテナ出力を低減するといった対策を行うとよい。

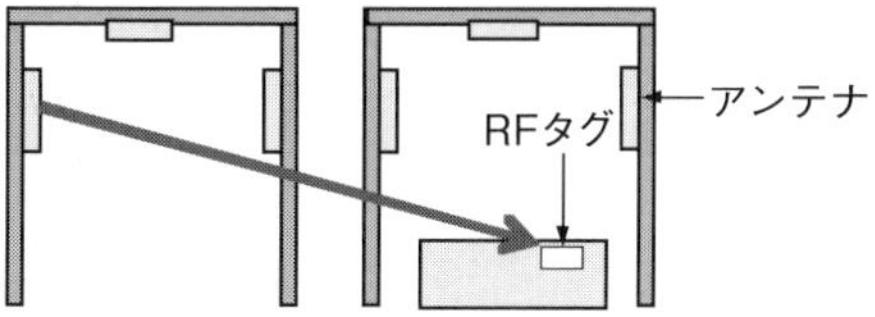

図7.2.8　領域外のRFタグへアクセス

(2) RFタグの貼付物，内容物の影響

UHF帯のRFタグは，リーダライタから取得した電波の一部をアンテナから反射し，リーダライタへ返す。このとき，アンテナの特性は，アンテナ周囲の物の影響を受ける。一般的なRFタグのアンテナは，UHF帯の周波数で最も性能が高くなるように設計されているが，このアンテナの特性が周りの誘電体により特性が変化し，性能が低下するため交信距離の変動となって現れる。RFタグの仕様を決める際，貼付物や構成材料に留意が必要である（**図7.2.9**）。

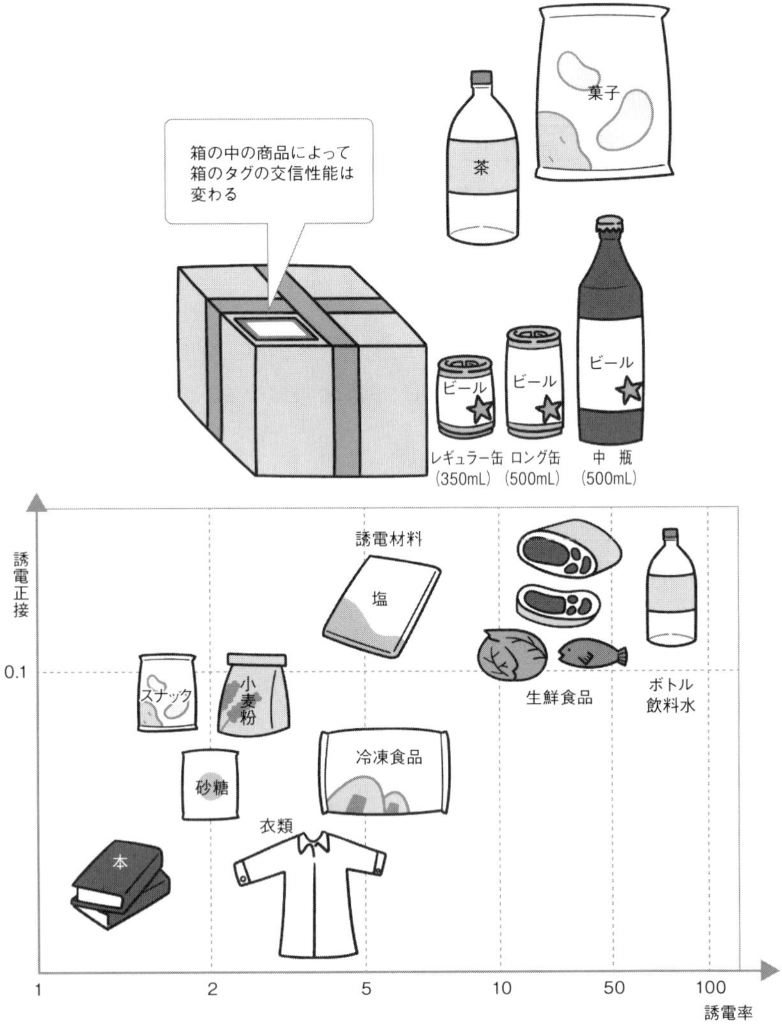

図7.2.9　貼付物と誘電率

(3)反射・吸収による影響

UHF帯の電波は，アンテナの前を人や物が通過するだけでさまざまな方向に反射され，吸収される。交信領域がその影響で変化し，読み取らないはずの場所にあるRFタグを読んでしまうこともある。反対に，今まで読み取れていたRFタグを読み取れなくなるということも起こり得る。対策の一つとして，**図7.2.10**に示すように，アンテナを複数配置して無指向性のポータルアンテナを構築し，RFタグをどの方向からでも読み取れるようにすることが考えられる。

図7.2.10　ポータルアンテナ

(4)マルチパスの影響

UHF帯の電波は，周囲の壁，床，機材などで反射される。アンテナから発射された直接波と，反射された反射波が混在することになる。反射波が別の反射体に当たると，さらに反射波を生む。アンテナから発射された直接波は，反射体からの反射を繰り返しながら減衰していく。直接波より反射波の電界強度が小さいエリアでは反射の影響は出にくいが，直接波が弱いエリアでは交信できない領域が発生しやすい（**図7.2.11**）。

交信できない領域は，アンテナの直接波と反射波の合成電界強度が低下し，RFタグが動作できないため，発生したものである。逆に，アンテナからの直接波と反射波の位相が一致して強め合い，通常の交信領域以外のところに新たな交信できる領域が生じる。このように，反射によって交信性能，交信範囲が変化することを「マルチパス現象」と呼んでいる。設置環境によって異なり，非常に厄介な現象である。

マルチパス現象は，一括読み取りにおいて読み終わったRFタグが再び復活するなどし，再読み取り回数が増加することで，リーダライタの読み取り性能を低下させることもある。これを緩和するには，複数のアンテナを設置するのも一つの方策である。

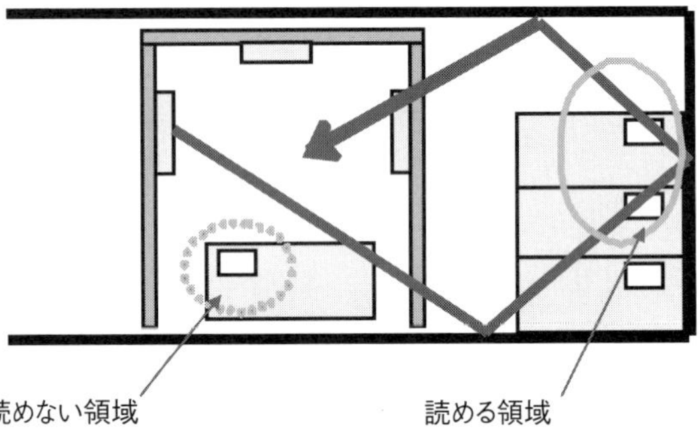

図7.2.11　アンテナ周辺のRFタグのアクセス

(5) 並列のコンベアなどで貼付物が移動する場合の読み取り方法

物流センターなどのコンベアラインでは，**図7.2.12**に示すコンベアラインAの商品を読み取るとき，隣のコンベアラインB上の商品を読み取ってしまう危険がある。また，連続的に流れてくる商品を順序正しく読み取れない場合も想定される。コンベアラインBに向いているコンベアラインAのアンテナ出力を抑えることで交信領域を抑える，あるいは上位システムで商品とコンベアラインを結び付けて誤読みを防止するなどの対策が必要となる。

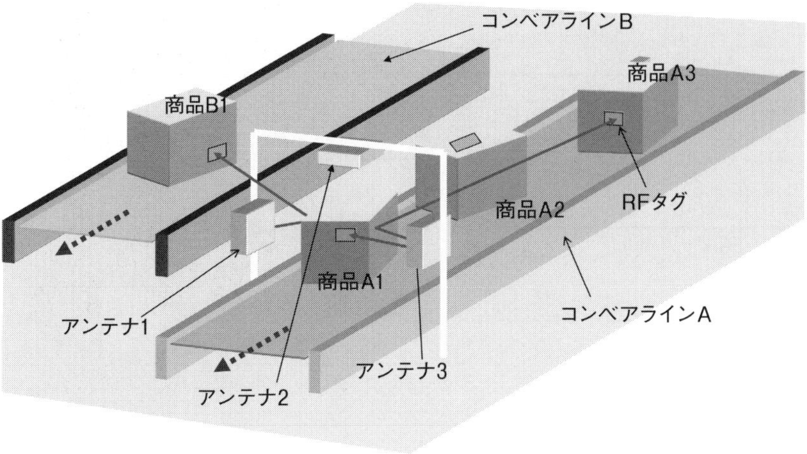

図7.2.12　コンベアライン

(6)混載された商品の読み取り方法

混載された商品に貼付されたRFタグを読み取る場合，高い読み取り率が要求されるが，パレット上に無秩序に混載された商品のすべてを読み取るのは容易ではない。そこで，**図7.2.13**のように，ターンテーブルのパレット上で商品をシュリンクする際にターンテーブルを回転させ，無秩序に搭載された商品のタグの指向性を変化させて，読み取り率を向上するのも対策の一つとしてあげられる。

図7.2.13　ターンテーブル

(7) UHF帯の異なる規格との相互干渉

ISO/IEC 18000-6XのUHF帯RFIDシステムのType A，Type Bのエアインタフェースは，2004年10月に国際標準化された。その後，EPCglobal規格であるClass1 Generation2（C1G2）がType Cとして2006年6月に国際標準化された。2010年には，タグトークファーストタイプのType Dが規格化された。これまで国内では，UHF帯RFID機器の段階的な規制緩和により，4つのタイプのRFID機器が使用できることから，これらのRFID機器間においても，密集した場所での利用の際には，相互干渉に留意が必要である。

(8) アンテナの偏波方式とタグの指向性

アンテナから発射される電波は，直線偏波と円偏波に大別できる。直線偏波方式は，アンテナとRFタグが正対したときは交信距離を長く取れるが，アンテナとRFタグが正対しないと交信距離が低下するという特徴がある。**図7.2.14**に示すように，アンテナの偏波方式とRFタグの取り付け位置の関係で交信距離が異なる可能性がある。偏波方式は最適な製品を選択する一つの要素になるので，留意が必要である。

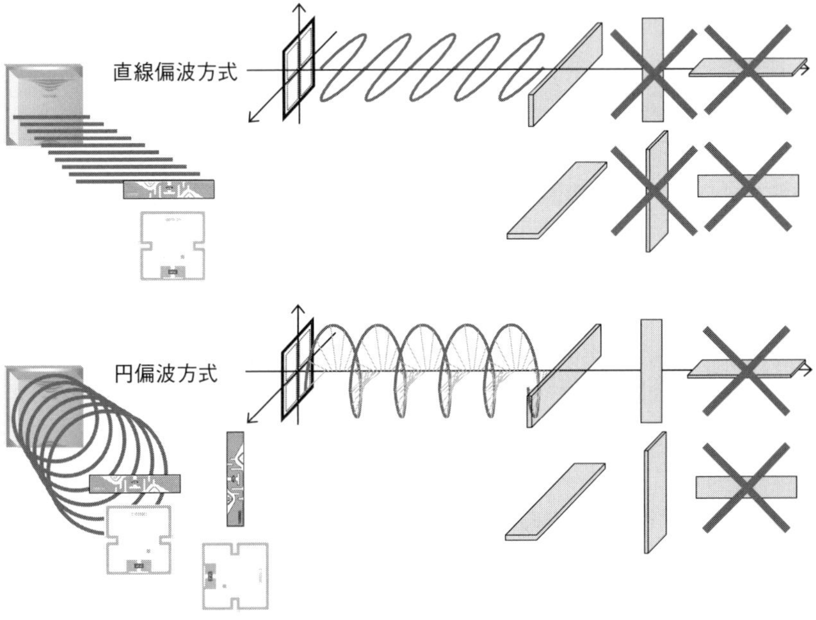

図7.2.14　アンテナの偏波とRFタグの指向性

(9) 電波吸収体の設置

複数のリーダライタの間に電波吸収体を配置して物理的にシールドすることで，相互干渉を低減させることができる。ヨーロッパでは，－20dBmの電波吸収体をドックドアのポータルリーダライタ間に配置したことで，搬送速度1.5m/秒のフォークリフトに搭載された52カートンのC1G2のRFタグの読み取り率を向上したことが報告されている（**図7.2.15**）。

図7.2.15　ポータルの電波吸収体の実施例

(10) アンテナの向きの調整

個々のRFIDシステム間でアンテナから発射される電波の指向性を適切に調整することで，システム間の相互干渉を低減できる。例えば，隣接するベルトコンベア間で設置するアンテナを正対しないようにすることで影響を緩和できる。

(11) RFタグどうしの干渉緩和

RFタグどうしを干渉しにくい距離（15～30cm）に配置することや，RFタグを直交させて配置することでも影響を緩和できる。

(12) UHF帯RFID機器の使用

国際規格のISO/IEC 18000-6Xでは，UHF帯RFIDシステムの周波数帯域は860～960MHzと決められており，各国の電波法によって使用できる帯域内の周波数が規定されている。そこで，国際的にRFIDを使用する際は，リーダライタとRFタグの選定に留意が必要である。

① リーダライタ

その国で使用できる周波数帯域に対応できるリーダライタが必要となる。

② RFタグ

生産国で製品のケースなどに貼り付けられるRFタグは，使用周波数が異なる国でも同等な性能を発揮することが望まれる。

7.2.5 2.45GHz RFIDシステムの活用法

2.45GHz帯は，世界中で使用できるISM（産業・科学・医療用）バンドである。日本では，1986年頃からマイクロ波方式RFIDシステムの周波数として利用実績がある。当初は，RFIDの中で最も距離の長いタイプで，書き込み距離と読み取り距離がほぼ等しい電池内蔵型RFタグとして，FA分野の限定されたアプリケーションに使用されてきたが，電池を内蔵していない低価格なRFタグも増えた。

2002～2003年の電波法改正で，日本でもFHSS（周波数ホッピング）方式のRFタグの使用が可能となった。この方式は，無線LANとの相互干渉対策が容易である。また，指向性が高く，交信距離（電池付きで5m）の長い商品や，RFタグを小さくできることを活かしたアプリケーションで使われている。

現在，交信距離の確保が容易な構内無線局（RCR STD-1）と特定小電力無線局（RCR STD-29，ARIB STD-T81）での使用が認められている。

7.2.6 電磁結合方式(400～530kHz)RFIDシステムの活用法

電磁結合方式は，国内のFA分野で最初に普及したRFIDシステムで，現在でも多く使用されている。

使用周波数は400～530kHzで，リーダライタのアンテナ部とRFタグのアンテナ部がトランス結合してデータの送受信を行う。国内の自動車分野，家電分野，半導体分野などのFA分野で多く使用されている。使用周波数が，近接センサと同じ帯域を使用しているので，近接センサが使える環境であれば使用できる。

(1)優れている項目

- RFタグを磁性体で囲んでいるので，金属の影響を受けにくい。
- メモリ容量を大きくできる。
- 周囲ノイズの影響を受けにくい周波数を利用しているので，信頼性が高い。
- 金属に埋め込める小型のRFタグが製作可能である。
- 150℃の耐熱性を有するRFタグが製作可能である。

(2)使用する際の注意事項

- RFタグが高価である。
- 100～150mmと交信距離が短いので，位置決めが重要である。
- アンチコリジョン機能は有していない。
- 国際標準化がされていない。
- 情報量は多いが，高速の搬送ラインでは使用制限がある。

第8章

RFID国際標準化の動向

8.1 標準の必要性

技術標準には，大きく分けて「デファクト標準（事実上の標準）」と「デジュール標準（公的な標準）」がある。デファクト標準とは，市場における企業競争の結果として決まる標準であり，一方デジュール標準とは，公的な標準化機関で作成される標準である。ここでいう標準とは，基本的にデジュール標準を意味する。

標準は，「国，地域を超えた利用促進」「業種，業界の枠を超えた利用促進」「共通インフラの利用促進」「技術のオープン化による競争の促進」「新技術の普及促進」などに貢献する。近年，欧米諸国が標準を国家戦略の重要な要素と考え，戦略的に国際標準化を推進するようになり，より標準の重要性が高まった。ヨーロッパの統合（ヨーロッパ経済ブロック）を実現するため，まず輸出入に関わる物品の，自由かつ迅速な物流を実現する必要があったからである。

従来は，「貿易障壁の撤廃」といえば関税の引き下げを意味してきた。しかし最近では，日本の場合，工業製品の関税はほとんどの品目でゼロ税率となっている。したがって，関税以外の貿易障壁，すなわち「非関税障壁」が注目されるようになった。この「非関税障壁」の中でも，各国の規格や認証制度が注目され，規格や認証制度を「非関税障壁」としないための方策が，ウルグアイ・ラウンド交渉の重要なテーマとなった。交渉の結果，世界貿易機構（WTO：World Trade Organization）の協定の一部として，TBT協定（Agreement on Technical Barriers to Trade）が締結され，WTO加盟国は，国家規格を国際規格に原則として合致させなければならなくなった。

8.2 国内規格と国際規格

日本が不利益を被らないためには，国際会議に出席して，日本が不利にならないよう意見を主張し，不利な規格の成立を阻止する必要がある。この場合，特に注意すべきことは，文化，風習の違いを十分に考慮することである（**図8.2.1**）。例えば，文化，風習の異なる例として，荷物の宛先や年月日の表記法がある。

また，日本企業の国際化に対応した，国内と国際のシームレスな活動を視野に入れる必要もある。

国際標準の言語は，英語（ISOでは，フランス語も規定されている）を基本としているが，日本と中国，日本と韓国や日本とタイなどの2国間関係において，どの言語体系を選択するかは微妙な問題である。

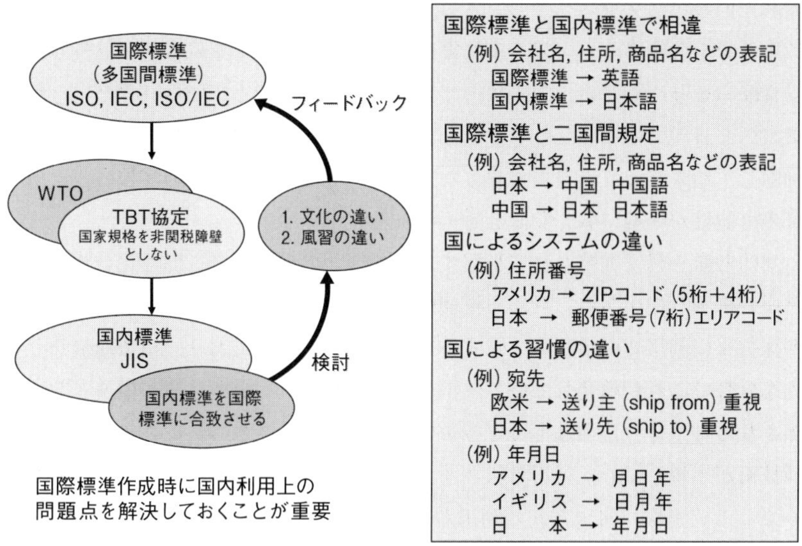

図8.2.1　国内規格と国際規格

8.3 企業における標準の位置付け

WTOには，知的財産権に関しても「知的財産権の貿易関連の側面に関する協定」（TRIPS：Agreement on Trade Related Aspects of Intellectual Property Rights）がある。TRIPS協定は知的財産権に関する国際協定であり，端的にいえば特許に代表される知的財産権を保護しない国は自由貿易に参加できないというものである。日本を含めた先進国（28か国）は，1996年1月からTRIPSを履行し，2000年には開発途上国もほとんどが履行した。

知的財産に対する企業の認識は，大きく変化してきている。知的財産を有力な経営資源とみなし，さらにそれを経営戦略の有力な手段として行使し始めている。企業が，知的財産を経営資源とみなし，初めて可能となる取引形態の一つが，複数特許の包括クロスライセンスである。クロスライセンスが技術の集中と寡占をもたらす場合は，独占禁止法に抵触する可能性があるが，最近多用されている包括クロスライセンス方式は，企業がそれぞれ許諾すべき特許の件数や分野を合意するもので，市場優位者が劣位にある企業の権利を取得して市場支配力を強めるという図式はあてはまらなくなってきている。それは，競争制限的な目的ではなく，むしろ個別の特許権の潜在的な侵害リスクを一括して排除し，結果として競争促進をもたらすものと認識されるため，独占禁止法違反の可能性が極端に低くなると考えられる。

知的財産を経営戦略として利用するもう一つの例として，標準化された知的財産の権利行使がある。特に，権利者自らが技術標準への採択を働きかけ，標準採択後に利用者に権利を主張するケースが顕在化しており，情報通信などの先端分野でこれが頻発している。情報通信分野では，ある技術が標準として採択されると，その技術は不特定多数の利用者に使用される。その後，優れた代替技術が出現しても，利用者にとってはこれまでに使い慣れた方式は手放しにくくなる。また，同一方式の利用者が多ければ多いほど量産効果が期待でき，製品の価格を下げることができる。このように，競争上優位な立場を確立しやすいのが，この分野の技術標準の持つ特性で，この特性を一般的に「ネットワークの外部性」と呼んでいる。そして，このネットワークの外部性により，ネットワーク化が進めば，標準化がさらに促進されることになる。この分野では，技術標準が決定的に重要な競争戦略上の問題であり，企業は自社技術の標準化を強力に推進することになる。最近の技術標準は，ほとんどライセンス技術である（使用するのに特許料が必要）。

技術標準（特にデジュール標準）は，その制度の目的上，これまでは技術競争に勝ち残り，普及した技術を対象としていた。したがって，その技術に関連特許があったとしても，技術標準に採択される頃には特許が切れていることがほとんどであり，たとえ権利が残っていたとしても，技術標準に採択された場合のネットワークの外部性への期待から，企業はその権利の無償開放に応じるのが通例であった（事後標準）。しかし，情報通信分野では，技術開発のスピードが速く，これまでのように技術の淘汰を待つ余裕はなく，技術開発と並行して標準化を進めなければならなくなった（事前標準）。そのため，標準化は知的財産（特に特許）との関係に大きな変化をもたらすようになった。

8.4 標準と企業戦略

情報通信分野の技術開発には，巨額の研究開発費が必要であり，企業は当然のように特許により開発技術を保護し，その独占的製品によって研究開発費の回収をもくろむ。この分野は，相互接続や互換性が特に重要となるため，関連する特許数も多く，結果として技術標準として採択される特許も多くなる。ところが，事後標準の場合と異なり，事前標準は，研究開発費を十分に回収できない段階で企業に特許の無償開放を迫ることになる。特許権の排他的行使による市場性や，その特許の戦略的活用を期待する企業にとって，無償の実施権許諾に応じられない場合が多くなってくる。従来，棲み分けが可能であった技術標準と知的財産は，特許が本来内包する排他性を主張することにより，公共財（技術標準）と私有財（知的財産）との混在による矛盾を発生させることになった。

デファクト標準は，企業のマーケティング戦略の問題として扱われ，それが競争制限的効果を持つ場合は，独占禁止法上の問題として処理される。一方，デジュール標準は，特許の排他性と技術標準の公共財的性格の交錯という問題が発生するため，問題点はデファクト標準より複雑なものとなる。デジュール標準を扱う国際標準化組織が採用している特許取扱い規定が「合理的」かつ「非差別的」（無償提供ではない）であることを要求している。特許権者がこれに応じない場合は，基本的にその技術の標準化は断念されることになる。

8.5 国際標準化団体

国際標準化についての代表的な国際機関として，国際標準化機構（ISO：International Organization for Standardization）と国際電気標準会議（IEC：International Electrotechnical Commission）とがある。ISOは，戦前に組織された万国規格統一協会（ISA）の事業を引き継いで1947年に設立され，170か国が加盟している。これに対し，IECは1906年に設立され，電気・電子工学分野の国際的な規格の統一を目的としており，90か国が加盟している。日本の場合には，日本産業標準調査会（JISC）が1952年にISOに，1953年にIECにそれぞれ加盟している。

国際標準化は，関係各国の利害を話し合いの形で調整し，国際的に統一した規格を作り，各国がその実施の促進を図ることによって，国際間の貿易を容易にするとともに，科学，経済など，諸般の部門にわたる国際協力を推進することを目的としている。日本が国際標準化活動に参加し，十分な貢献を行うことは，日本の考えや技術を国際規格に反映させ，国際規格制定の動向を把握し，海外の技術情報の収集などを行うことによって，国際的視野の下にJISの制定・改正を進め，JISの国際性を高めるという観点からきわめて重要である。各国を代表する参加団体は1つに限られ，これをIECではNational Committee，ISOではMember Bodyと呼んでいる。またIECでは，National Committeeはすべての技術専門委員会や分科会に参加できるが，ISOの場合には活動範囲が広いので，技術専門委員会や分科会ごとにMember Bodyが参加を申し出ることになっている。

IECは，エレクトロニクス分野の標準化を行い，ISOはそれ以外の分野の標準化を行ってきたが，情報技術分野はISOとIECの両分野にまたがっている。そこで，ISOとIECは合同委員会（JTC1）を設立し，この分野の標準化を推進することにした。ISO/IEC JTC1は，ISOとIECの名を冠し，標準化の成果である国際規格にもISO，IECのダブルロゴを付けて，両団体の共同体であることを明示している。JTC1の記念すべき第1回総会は1987年に東京で開催され，現在の基礎が築かれた。東京総会では，JTC1のタイトルを「情報技術(Information technology)」とすることが決定した。JTC1には，101か国（2023

年現在）が加盟している。

ISOおよびIECには，それぞれ総会，理事会，技術専門委員会（TC：Technical Committee）およびその下部組織として分科会（SC：Sub Committee）が設けられている。JTC1も，ISOと同様な組織構成になっている（**表8.5.1**）。JTC1の全体の幹事国はアメリカが行っており，JTC1では23（2023年現在）のSCが活動している。最近は，商取引の電子化（EC，EDI），セキュ

表8.5.1　ISO/IEC JTC1の委員会

SC	名称	幹事国
2	符号化文字集合	日本
6	通信とシステム間の情報交換	韓国
7	ソフトウェアおよびシステム技術	インド
17	カードおよび個人認識用セキュリティデバイス	イギリス
22	プログラム言語，その環境およびシステムソフトウェアインタフェース	アメリカ
23	情報交換および保存用デジタル記録再生媒体	日本
24	コンピュータグラフィックス，画像処理および環境データ表現	イギリス
25	情報機器間の相互接続	ドイツ
27	情報セキュリティ，サイバーセキュリティおよびプライバシー保護	ドイツ
28	オフィス機器	日本
29	音声，画像，マルチメディア，ハイパーメディア情報符号化	日本
31	自動認識およびデータ取得技術	アメリカ
32	データ管理および保管	アメリカ
34	文書の記述と処理の言語	日本
35	ユーザインタフェース	フランス
36	学習，教育，研修のための情報技術	韓国
37	バイオメトリクス	アメリカ
38	クラウドコンピューティングおよび分散プラットフォーム	アメリカ
39	ITとデータセンタのサステナビリティ	アメリカ
40	ITサービスマネジメントとITガバナンス	オーストラリア
41	インターネット・オブ・シングスおよびデジタルツイン	韓国
42	人工知能	アメリカ
43	ブレイン・コンピュータインタフェース	中国

リティ，バイオメトリクス，マルチメディアなどに関する委員会が活発に活動して注目を集めている。また，これらの会議の開催回数は，ISO，IEC合わせて年間1 000回を超えており，主として欧米地域で開かれている。

8.6 ISO/IEC JTC1 SC31

データキャリアの標準化を担当しているのは，ISO/IEC JTC1 SC31である。SC31の審議対象は，基本的にサプライチェーンに関係する「物」の管理用データキャリアである。SC31は1996年に設立され，幹事国はアメリカである。SC31は，ICカードを扱うSC17と最も関係が深い。符号化文字集合を扱うSC2や，データベース管理サービスを扱うSC32なども関連がある。

SC31は，4つのワーキンググループ（WG）を持っている（**図8.6.1**）。WG1（データキャリア）は，一次元シンボル，二次元シンボルやそれに関連したシンボル識別子規格の開発やコンフォーマンス／パフォーマンス規格の開発を分担している。WG2（データストラクチャ）は，データキャリアに格納するデータ識別子とそのデータ構造規格の開発を分担している。WG4はRFID関連規格の開発を分担している。周波数や変調度などのエアインタフェース，データシンタックス，コンフォーマンス／パフォーマンス規格，データセキュリティなどの規格開発を担当しており，RTLSの規格開発も行っている。WG8はAIDCを使用したアプリケーションの規格を開発している。自動車用のタイヤの規格を開発するISO TC31のようなTC/SCにてアプリケーション規格を開発する場合もあるが，適当なTC/SCが存在しない場合やTC/SCに専門家がいない場合などではWG8で開発を行うことが多い。

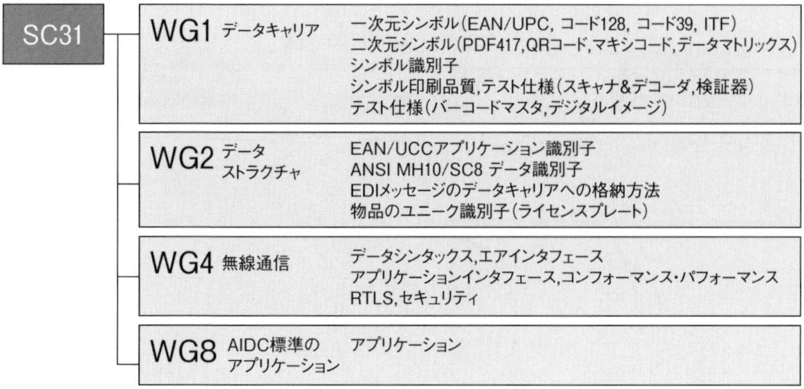

図8.6.1　SC31の構成

8.7 SC31の規格開発協力団体

自動認識技術は，あらゆる業界で使用され，社会のインフラといっても過言ではない。SC31の主な規格開発協力団体としては，流通系の最大の団体であるGS1，自動認識工業会の国際団体であるAIMグローバル，郵便業界（Universal Postal Union），航空旅客業界（International Air Transport Association）や電波の割り当てを決めるITU（International Telecommunication Union）などがある（**図8.7.1**）。SC31の大きな特徴は，アメリカ国防総省（Department of Defense）やNATO（North Atlantic Treaty Organization）などの軍事機関が参加していることである。また，荷物の国際サプライチェーンでの利用を前提としているため，WCO（World Customs Organization）やIMO（International Maritime Organization）が規格開発に深く関係している。

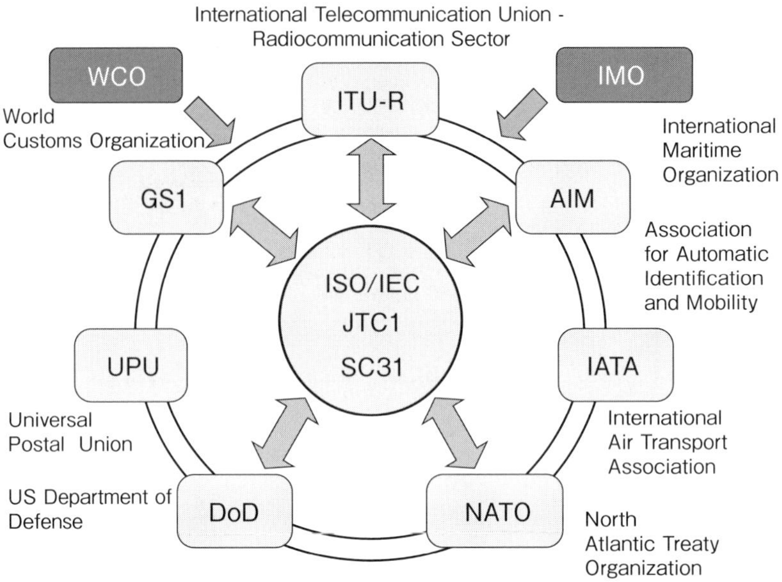

図8.7.1　SC31の規格開発協力団体

8.8 RFID規格の階層

RFID関連規格は，4つの階層に分けることができる（**図8.8.1**）。ここでは，対象をサプライチェーンに関係する「物」に限定する。各階層は，下から「データキャリア」「物品の識別」「データキャリアへのデータ格納方法」「アプリケーション」である。RFID規格は，適用するアプリケーションを明確にして規格開発を行う必要がある。1つのアプリケーションで複数のRFIDが使用される場合は，ホストシステムとのデータの受け渡し方法が同じである必要がある。また，ホストシステムのデータベースのデータ構造と，RFIDに格納されたデータ構造とは相関性がなければならない。SC31の審議対象は，基本的にサプライチェーンに関係する「物」の管理用データキャリアであるため，そのデータ構造は，サプライチェーンのデータベース構築の手段である電子商取引（EDI）のメッセージ構造との相関性が必要である。電子商取引のメッセージ構造に関連したデータ構造規格は，WG2で開発している。また，サプライチェーンでは，複数のデータキャリア（一次元シンボル，二次元シンボル，RFID，OCRなど）が使用されるため，それらのデータ構造も相関性が必要である。

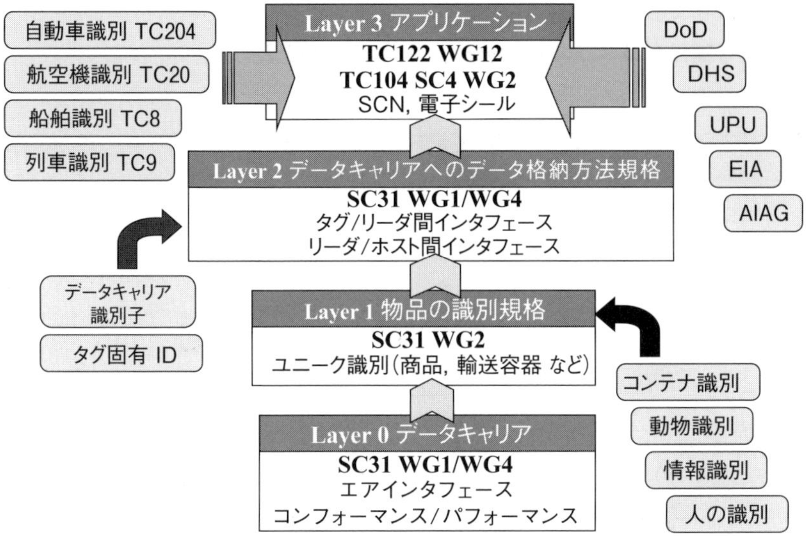

(注) DoD：Department of Defence
DHS：Department of Homeland Security
UPU：Universal Postal Union
EIA：Environmental Impact Assessment
AIAG：Automotive Industry Action Group

図8.8.1　RFID規格の階層

8.9 RFID関連規格開発の分担

RFID技術は，あらゆる分野で利用されるため，1つの標準化団体で規格を作成することは困難である。特に，データキャリア規格は，適用されるアプリケーションを明確にする必要があるため，さまざまな標準化委員会と密接な関係を保ちながら標準化を進める必要がある。データキャリア規格は，ISO/IEC JTC1 SC31で開発をしており，SC31は標準EDIメッセージの開発団体である

ISO TC154やJTC1 SC32，位置（絶対ロケーション）コードの開発団体であるISO TC211やISO TC204，コンテナの識別コードの開発団体であるISO TC104，サプライチェーン用途のデータ構造と一次元／二次元シンボル規格の開発団体であるISO TC122，サプライチェーン用途のデータ構造とRFID規格の開発団体であるTC104/TC122ジョイントワーキンググループ（JWG）などと密接な関係を保って規格開発を行っている（**図8.9.1**）。

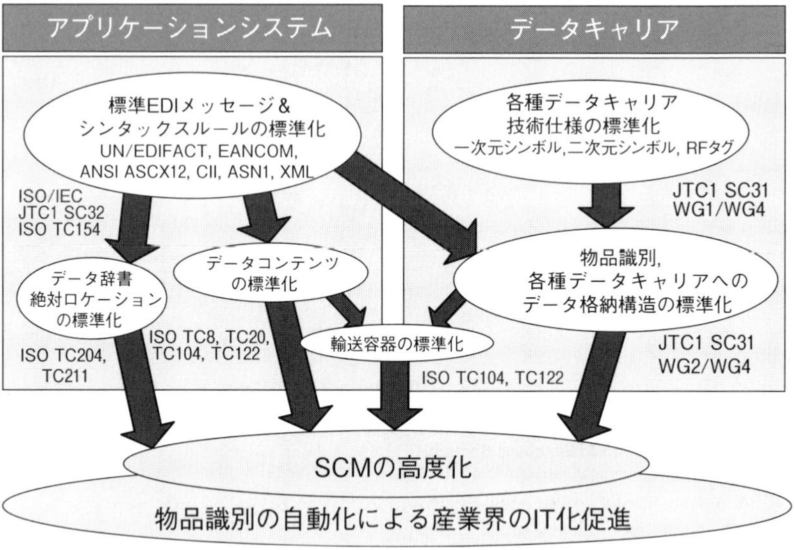

図8.9.1　RFID関連規格開発の分担

8.10 RFIDの規格

SC31 WG4の審議対象は，基本的にサプライチェーンに関係する「物」の管理用RFIDである。SC31 WG4で担当しているRFID関連規格は，用語（ISO/IEC 19762）が1規格，エアインタフェース（ISO/IEC 18000シリーズ）が6規格，リーダライタのコンフォーマンス（ISO/IEC 18047シリーズ）が5規格，リーダライタのパフォーマンス（ISO/IEC 18046）が4規格，データプロトコル（ISO/IEC 15961シリーズ）が4規格，ソフトウェアシステムインフラストラクチャ（ISO/IEC 24791シリーズ）が4規格，インプレメンテイションガイドライン（ISO/IEC TR 24729シリーズ）が4規格ある。その他に，RFタグのユニークID（ISO/IEC 15963）規格，タグドライバ（ISO/IEC 15962）規格，エレメンタリタグ（ISO/IEC 24710）規格やインプレメンテーション（ISO/IEC TR18001）規格，リライタブルハイブリッドメディア（ISO/IEC 29133）規格，センサアンドバッテリー（ISO/IEC 24753）規格やメディカルデバイスへの影響（ISO/IEC TR20017）規格がある（**図8.10.1**）。

8.10.1 エアインタフェース

エアインタフェース規格は，対応する周波数ごとに審議されている。規格化対象の無線周波数は135kHz未満，13.56MHz，2.45GHz，860～960MHz，433MHzの5つである。これらの周波数のうち，135kHz未満は主にFA用途に，13.56MHzはICカードとして身分証明書や電子乗車券などに，2.45GHzは無線LANなどにそれぞれ利用されている。860～960MHzについては，日本では952～958MHzの周波数帯域が割り当てられたが，2012年7月の900MHz帯の周波数再編により915～928MHzの周波数帯へ移行され使用可能となった。なお，950MHz帯RFIDはすでに廃止され，使用することはできない。433MHzは，コンテナ関連用途に限定して使用が認められている。

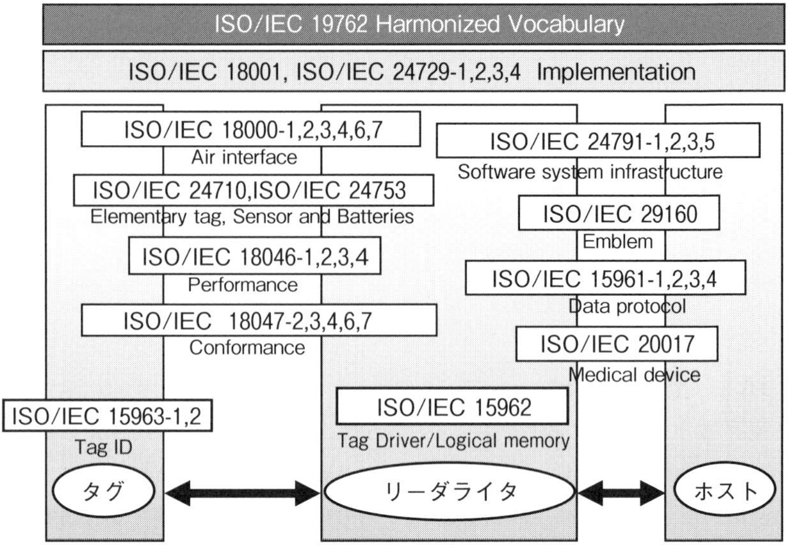

図8.10.1　主なRFIDの規格

(1) ISO/IEC 18000-1

ISO/IEC 18000-1では，サプライチェーンにおける受発注データと納入された商品の紐付けを行う用途を前提に規定内容を定義している。さらに，標準化に必要なパラメータとその内容を定義している。ISO/IEC 18000-2 ～ ISO/IEC 18000-7では，これらのパラメータを使って周波数ごとのエアインタフェースを規定している。

(2) ISO/IEC 18000-2

135kHz未満は，ISO/IEC 18000-2で規定されており，**表8.10.1**に示すドイツから提案されたType AとType B仕様が規定されており，日本提案の衝突防止方式がオプションとしてAnnex Dに規定されている。リーダライタは，Type AとType Bの両方のRFタグと通信することが必須となっている。無電池を前提としているため，交信距離は数十cm程度である。

表8.10.1　ISO/IEC 18000-2（135kHz未満）のエアインタフェース

		Type A	Type B
提案国		ドイツ	
供給電源		パッシブ方式	
リーダライタからの発信	使用周波数	125kHz	134.2kHz
	AM変調度	ASK100%	
	通信速度	3.7〜5.7kbps	0.5〜4.0kbps
	符号化方式	PIE	
タグからの返信	通信方式	負荷変調方式	容量再放電方式
	副搬送波	なし	134.2/124.2kHz
	通信速度	4kbps	9kbps
	変調方式	ASK	FSK
	符号化方式	マンチェスタ	NRZ
衝突防止方式		タイムスロット	

（注）リーダライタは，Type A/B，両方のタグと通信することが必須。
PIE：Pulse Interval Encording
ASK：Amplitude Shift Keying
FSK：Frequency Shift Keying
NRZ：Non Return to Zero

(3)ISO/IEC 18000-3

13.56MHzは，ISO/IEC 18000-3で規定されており，無電池を前提としているため，交信距離は，カードサイズで数十cm程度である。3つのモードが規定されており，モード1は，ISO/IEC 15693が基本になっている。モード2は，通信速度が424kbpsと早く，自動倉庫の仕分けなど，高速性を要求される分野に適している。GS1より提案されたモード3は，2012年12月に規格化された。各方式の仕様概要を**表8.10.2**に示すが，モード間の互換性はない。なお，日本における13.56MHzのRFIDの技術条件は，2002年の電波法の改正により，ヨーロッパ電気通信標準協会（ETSI）と同等の規制値まで緩和され，ARIB STD-T82（誘導式読み書き通信設備）が発行された。

表8.10.2　ISO/IEC 18000-3（13.56MHz）のエアインタフェース

		モード1	モード2	モード3	
提案企業／団体		NXP，TI	Magellan	GS1	
供給電源		パッシブ方式			
リーダライタからの発信	使用周波数	13.56MHz ± 7kHz		13.56MHz	
	AM変調度	ASK100%，10%	PJM	ASK10%	PJM
	通信速度	26.48kbps, 1.65kbps	424kbps	26.7〜100kbps	212kbps
	符号化方式	PPM	DFMFM	PIE	MFM
タグからの返信	通信方式	負荷変調方式			
	副搬送波	423.75kHz or 423.75kHz & 484.28kHz	8ch:969，1 233, 1 507，1 808, 2 086，2 465, 2 712，3 013kHz	423.75kHz & 484.28kHz	8ch:969，1 233, 1 507，1 808, 2 086，2 465, 2 712，3 013kHz
	通信速度	26.48/6.62kbps or 26.69/6.67kbps	106kbps × 8 （実質848kbps）	Manchester Subcarrier （53〜212kbps） Miller Subcarrier （53〜106kbps） FM0 baseband （424〜848kbps）	106kbps
	変調方式	ASK & FSK	BPSK	ASK	BPSK
	符号化方式	マンチェスタ	MFM	Baseband FM0 or Manchester or Miller-modulated subcarrier	MFM
衝突防止方式		Framed-Slotted ALOHA	FTDMA	Slotted ALOHA	Slotted ALOHA

（注）モード1，モード2とモード3は，互換性なし。
ASK：Amplitude Shift Keying
PJM：Phase Jitter Modulation
PPM：Pulse Phase Modulation
DFMFM：Double Frequency Modified Frequency Modulation
FSK：Frequency Shift Keying
BPSK：Binary Phase Shift Keying
MFM：Modified Frequency Modulation
FTDMA：Frequency and Time Division Multiple Access
PIE：Pulse Interval Encoding

(4) ISO/IEC 18000-4

2.45GHzは，ISO/IEC 18000-4で規定されており，**表8.10.3**に示す2つのモードが規定されているが，モード1とモード2の互換性はない。モード1は，FHSS（周波数ホッピングスペクトラム拡散）方式を採用している。無電池を前提としているため，交信距離は数十cm〜1m程度である。一方，モード2は，FHSS方式を採用している点はモード1と同じであるが，アクティブ方式を前提としているため，交信距離は数m〜10m程度である。なお，FHSS方式は，当初は日本の法令では認められていなかったが，2002年の省令改正で認められ，ARIB STD-T81（特定小電力無線局周波数ホッピング方式を用いる2.4GHz帯移動体識別用無線設備）が発行された。また。2003年には，構内無線局でのFHSS方式が承認され，RCR STD-1（構内無線局2.4GHz帯移動体識別用無線設備）の改定が行われた。

表8.10.3　ISO/IEC 18000-4（2.45GHz）のエアインタフェース

		モード1	モード2
提案企業／団体		Intermec	Infineon, Nedap
供給電源		パッシブ方式	アクティブ方式
リーダライタからの発信	使用周波数	2 400〜2 483.5MHz	
	方式	FHSS	
	通信速度	30〜40kbps	384kbps
	変調方式	ASK	Differential GMSK
	符号化方式	マンチェスタ	Fire Code
	占有帯域幅	0.5MHz	0.77MHz
タグからの返信	副搬送波	なし	153.6kHz
	通信速度	30〜40kbps	384kbps
	変調方式	ASK	Differential BPSK
	符号化方式	FM0	マンチェスタ
	占有帯域幅	0.5MHz	1MHz
衝突防止方式		Binary Tree	ランダム応答

注）モード1とモード2は，互換性なし。
FHSS：Frequency Hopping Spread Spectrum
ASK：Amplitude Shift Keying
BPSK：Binary Phase Shift Keying
GMSK：Gaussian filtered Minimum Shift Keying

(5)ISO/IEC 18000-6X

860〜960MHzは，ISO/IEC 18000-6Xで規定されており，仕様を**表8.10.4**に示す。なお，860〜960MHz帯は，ITU-Rで規定されているリージョン3（アジア／オセアニア地域）においてはISMバンドに指定されていないことから，アジア地域では主に携帯電話用に割り当てられている。このため，アジア／オセアニア地域の各国は対応に苦慮している。日本では，RFIDシステムに952～958MHzが割り当てられたが，2012年7月の900MHz帯の周波数再編で915～928MHzの周波数帯が使用可能となった。Type AとType Bが先に規格化され，その後EPCglobalからType Cが提案され規格化され，タグトークファーストのRFIDシステムがType Dとして規格化された。

表8.10.4　ISO/IEC 18000-6（860～960MHz）のエアインタフェース

ISO/IEC 18000-6 シリーズ		18000-61	18000-62	18000-63	18000-64
		Type A	Type B	Type C	Type D
提案企業／団体		NXP，TI	Magellan	GS1	Ipico
供給電源		パッシブ・アクティブの両方式をサポート		パッシブ方式	パッシブ・アクティブの両方式をサポート
通信規則		リーダトークファースト			タグトークファースト
リーダライタからの発信	使用周波数	860～960MHz			
	出力	各国の電波法に従う			
	通信速度	33kbps	10kbps or 40 kbps	26.7～128kbps	適用しない
	変調方式	ASK30～100%	ASK18% or 100%	ASK80～100%	適用しない
	符号化方式	PIE	マンチェスタ	PIE	適用しない
タグからの返信	通信速度	40kbps or 160kbps		40～640kbps	256kbps
	変調方式	ASK		ASK and/or PSK	ASK
	符号化方式	FM0		FM0 or Miller Subcarrier	PPE or Miller Subcarrier
衝突防止方式		ALOHA	Binary Tree	Slotted Random（16ビットの乱数使用）	ALOHA

（注）リーダライタは，Type A/B/C/D，いずれかのタグと通信すればよい。
Type A/B/C/Dは互換性なし。
ASK：Amplitude Shift Keying
PIE：Pulse Interval Encoding
PSK：Phase Shift Keying
PPE：Pulse Position Encoding

(6)ISO/IEC 18000-7

433MHzは，ISO/IEC 18000-7で規定されており，仕様を**表8.10.5**に示す。なお，433MHz帯もITU-Rで規定されているリージョン3（アジア／オセアニア地域）においてはISMバンドに指定されていないことから，日本では，主にアマチュア無線用に割り当てられている。また，アマチュア無線との共用を前提に，コンテナ用途に限定して使用が許可されている。

表8.10.5　ISO/IEC 18000-7（433MHz）のエアインタフェース

	仕様	
	リーダライタからの発信	タグからの返信
提案企業／団体	SAVI	
供給電源	アクティブ方式	
使用周波数	433.92MHz±500kHz	433.92MHz±200kHz
方式	Narrowband	
通信速度	27.7kbps	
変調方式	FSK	
符号化方式	マンチェスタ	
衝突防止方式	タイムスロット	

（注）タグは自ら電波を出すアクティブ方式のため，リーダライタとタグはほとんど同じ仕様である。
FSK：Frequency Shift Keying

8.10.2　データシンタックス

ISO/IEC 15961，15962では，RFIDにおけるデータシンタックス（構文）をまとめている。その規格範囲を**図8.10.2**に示す。ISO/IEC 15961では，ホストとリーダライタ間のアプリケーションコマンドとアプリケーションレスポンスを規定している。また，ISO/IEC 15962では，リーダライタのロジカルメモリとRFタグドライバを規定しており，RFタグとリーダライタ間はISO/IEC 18000シリーズのエアインタフェースに合わせたRFタグドライバをRFタグに合わせてリーダライタにインストールすることで対応している。

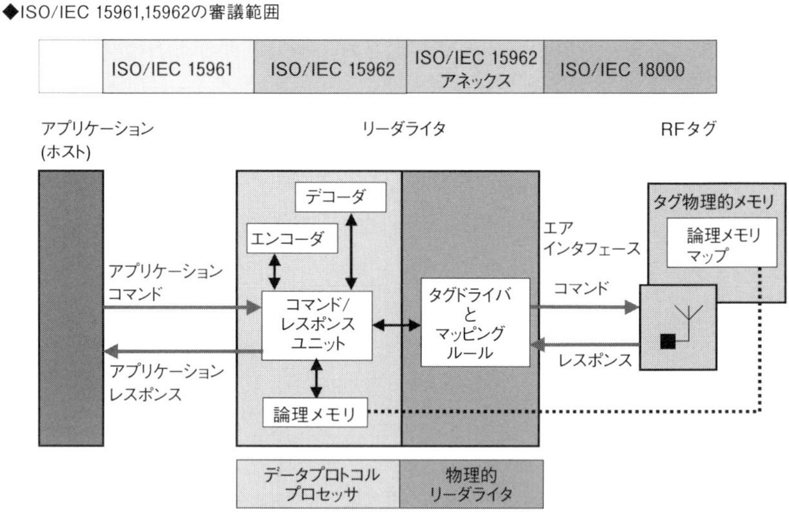

図8.10.2　ISO/IEC 15961，15962　データシンタックス

8.10.3　アプリケーション要求条件

ISO/IEC TR 18001では，**図8.10.3**に示すように，RFIDシステムを設計するときに考慮が必要な項目や，アンケート集計結果に基づいてまとめた各種アプリケーションからの典型的な要求事項をまとめている。

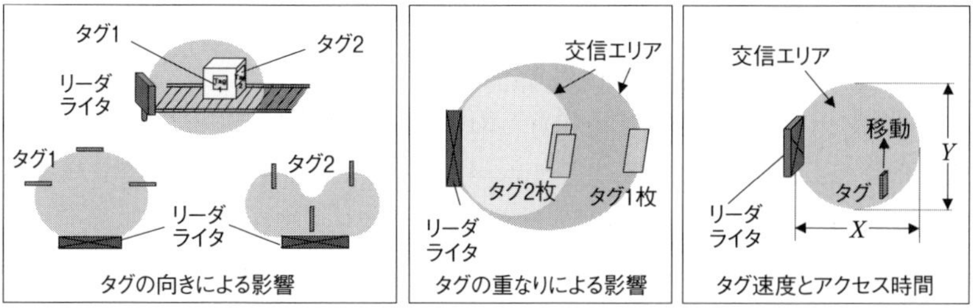

(a) システム設計時に考慮が必要な項目

	プラスチック通い箱	航空手荷物	レンタルビデオ
タグ間距離	200mm以上	30mm以上	10mm以上
タグの向き	制御可能	制御不可	制御不可
伝送データ量	4キロバイト以下	128バイト以下	128バイト以下
タグ移動速度	2m/s以下	10m/s以下	1m/s以下
エリア内のタグ数	10個以下	10個以下	20個以下

(b) 各種アプリケーションの典型的な仕様(アンケート集計結果)

図8.10.3 ISO/IEC TR 18001 アプリケーション要求要件

8.10.4 RFタグの固有ID

ISO/IEC 15963は，RFタグの固有ID（世界で唯一の番号）について定義している。これまでの「物の管理用でのみ使用するID」という考え方を修正し，**表8.10.6**に示すようにICカードの考え方を導入して，「RFタグの固有IDはICチップの品質管理用IDであり，物の管理用のIDではない」という認識に修正し，RFタグIDと製品（商品）IDとを分離して考えることになった。

従来から，一次元／二次元シンボルの例のように，データキャリアにはデータキャリアが添付された製品（商品）のIDが格納され，データキャリアそのもののIDは存在しなかった。RFタグが議論されるようになって，データキャリア本来の考え方に混乱が生じた。RFタグの固有IDは世界で唯一（同じ番号が存在しない）であり，固有IDを利用すれば製品（商品）のトラッキングが可能となるため，使用者やシステムベンダとは関係のないところで，プライバシーの侵害問題やセキュリティ問題が発生する危険性を内包している。

また，RFタグの固有IDをアンチコリジョン（複数一括読み取り）に使用しているRFタグもあるため，注意する必要がある。EPCglobalが提案したISO/

IEC 18000-63では，アンチコリジョンにRFタグの固有IDを使用しない方式を採用している（16ビットの乱数を使用）。

アプリケーションを構築する場合，RFタグの固有IDを利用するとシステムが簡素化できると考えているシステムベンダも多い。RFタグの固有IDを製品（商品）IDとした場合，もしRFタグが故障し，RFタグを交換した場合，同じ製品（商品）であるにもかかわらず別の番号になってしまう。また，RFタグの固有IDそのものに意味はないため，人がその番号を見て判断するためには変換テーブルが必要となる。システム全体から判断すると，一般的にはRFタグの固有IDを使用しないほうがよい。

表8.10.6　ISO/IEC 15963　タグ固有IDの構成

◆固有IDの構成　　（MSB: Most Significant Bit, LSB: Least Significant Bit）

割り当てクラス	固有ID発行者登録番号	シリアル番号
8ビット	リイズは割り当てクラスごとに定義	サイズは割り当てクラスごとに定義

MSB　　LSB

登録機関（固有ID発行者登録番号）	クラス	割り当てクラス値	発行者IDサイズ	シリアル番号サイズ
APACS（ISO/IEC 7816-6 登録機関）	7816-6	11100000	8ビット	48ビット
AIM（ISO 14816登録機関）	14816	11100001	Per AIM	Per AIM
GS1	EAN.UCC	11100010	Per EAN.UCC	Per EAN.UCC
ANCI ASC INCITS 256	INCITS 256	000xxxx	Per ANS INCITS 256	Per ANS INCITS 256
未定	未定	11100100 ～11101111	未定	未定

8.10.5　パフォーマンス／コンフォーマンス試験方法

ISO/IEC 18046では，RFIDの具体的なアプリケーションに対して，最適な機器の選択のためのパフォーマンス特性と試験方法／環境を規定している。また，ISO/IEC 18047では，タグとリーダライタの両立性（コンパチビリティ）

を保証するため，測定方法／環境を規定している。

8.10.6 暗号化スイート

ISO/IEC 29167シリーズはエアインタフェースの暗号化スイートを規定し，現在10個の暗号化アルゴリズムをサポートしている。対となるコンフォーマンス試験方法はISO/IEC 19823シリーズで規定している。

8.10.7 RFタグの利用モデル

エアインタフェース規格ISO/IEC 18000シリーズは，単に使用周波数と通信プロトコルを規定しているだけではなく，データ構造も規定していることに注目すべきである。複数のRFタグを使用することは，複数のデータ構造に対応することである。同じ製品に異なるRFタグを付けた場合，同じ製品であるにもかかわらず，異なるデータがホストコンピュータに送られる。

RFタグシステムの最もシンプルなモデルは，1種類のRFタグを使用し，RFタグのデータも1種類しかない場合である。企業のFAラインなどで使用される場合が多い。

少し複雑になると，1種類のRFタグを使用し，RFタグのデータを複数種類使用するモデルがある。クローズな物流用途などでは，荷物の形態に応じてデータ構造が異なるため，このモデルを採用することが多い。このモデルでは，複数種類のデータを識別するため，識別子が必要となる（**図8.10.4**）。

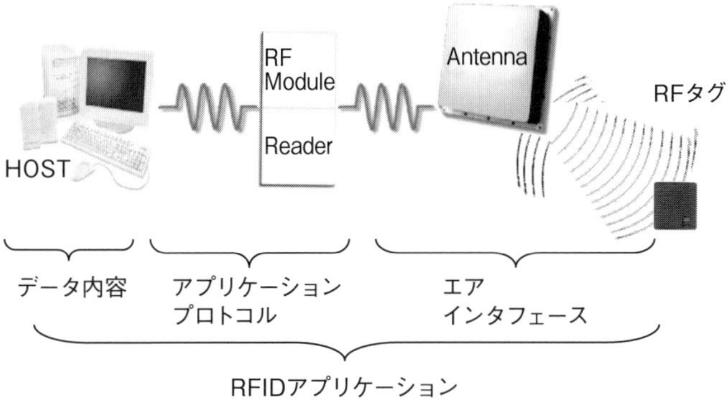

図8.10.4　RFIDの簡単なモデル

8.10.8　市場（オープン用途）でのRFIDシステム

さまざまなRFIDが市場で広く普及した場合，RFIDシステムはどのようにあるべきか？　市場には，複数のエアインタフェースと複数の交信プロトコルが存在し，アプリケーションごとにデータ構造やRFタグのデータ圧縮方法が異なっている。また，クローズな用途で使用されたタグも，剥離されることなく市場に混入してくる。これらの状況を踏まえ，RFIDのオープンシステムを構築する必要がある。RFIDシステムの複雑化を避けつつ，オープン用途での利用を促進するためには，さまざまな種類のRFIDが混在しても問題にならないような経済的システムを構築することと，使用するRFIDの種類を制限することが重要である。RFタグの交信速度がメモリ容量や構造によって異なることにも注意する必要がある。

8.10.9　市場（オープン用途）でRFタグはどのように使用されるか

市場には，多くのアプリケーションが存在し，アプリケーションの数だけメモリの論理構造が異なる。エアインタフェースの種類は，135kHz未満が2種類，13.56MHzが3種類，2.45GHzが2種類，860～960MHzが4種類，433MHzが1種類の合計12種類ある。これらの組合せは，天文学的数値になる。メモリの論理構造については，データ格納方法をISO標準に基づいた識別子＋データの構造（ディレクトリ方式）をとればハーモナイズ可能である。エアインタフェースについては，サプライチェーンのようなオープン用途では極力種類を制限する必要がある（**図8.10.5**）。

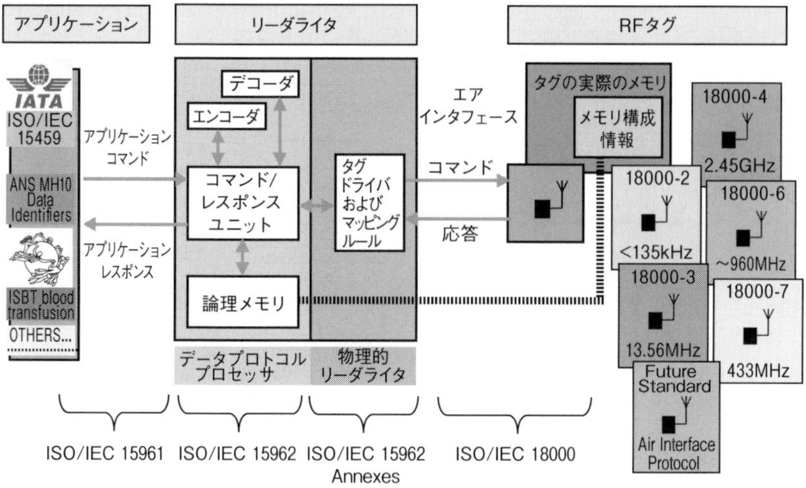

図8.10.5　RFIDの現実的モデル

第8章

8.10.10　ISO/IEC 24791シリーズのフレームワーク

ISO/IEC 24791シリーズは，市場（オープン用途）でのRFIDを体系的にとらえた規格の作成を目指している。将来使用される可能性が高いセンサRFIDやモバイル（携帯電話）RFIDも検討内容に含まれている。ISO/IEC 24791シリーズは，大きく5つのパートに分かれ，それぞれのパートはアーキテクチャ，データマネジメント，デバイスマネジメント，デバイスインタフェース，セキュリティとなっている（**図8.10.6**）。

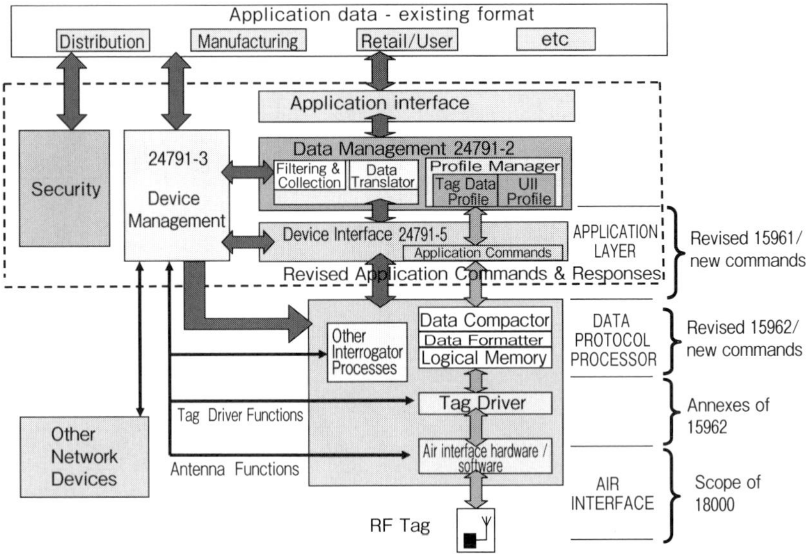

図8.10.6　ISO/IEC 24791シリーズのフレームワーク

8.11　コード体系

サプライチェーン（物の識別）用RFタグに格納するデータのデータ構造規格は，SC31 WG2で開発している。RFIDのデータ構造は，アプリケーション規格のデータ構造に従う必要がある。国際的なオープン用途では，企業，商品や資産などのコード体系がユニークになっていなければならない。ここでいうユニークとは「世界で唯一」という意味である。世界中にはさまざまな番号体系があり，これらが同じアプリケーションで使用される場合は，番号の重複が生じないよう工夫する必要がある。WG2では，EDIと連動した物の識別コード体系を規定している（**図8.11.1**）。

登録機関は，AIMが担当している。

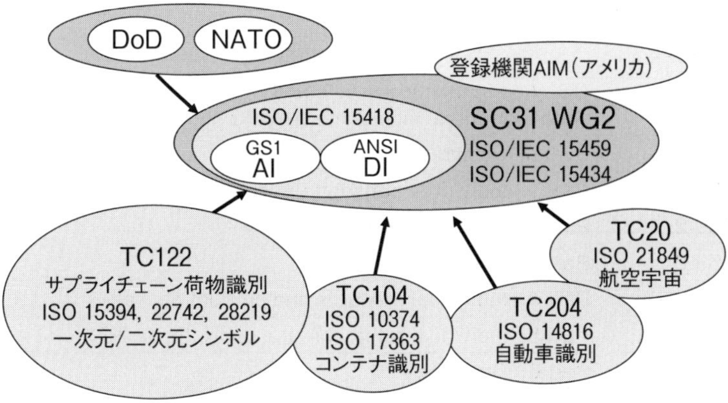

図8.11.1　ユニークID関連機関

8.12 データストラクチャ

WG2の開発規格は，8規格である（**表8.12.1**）。ISO/IEC 15418は，流通業および製造業で用いるデータの属性を表す識別子の規格である。ISO/IEC 15434はEDIデータ全体をデータキャリア（RFID）へ格納するための方法を規定している。ISO/IEC 15459-1は荷物（輸送単位）のユニークな識別コード体系を規定し，ISO/IEC 15459-2はユニークなコードを付番する機関の登録方法を規定している。

ISO/IEC 15459-4は商品のユニークな識別コード体系を規定し，ISO/IEC 15459-5は輸送容器のユニークな識別コード体系を規定している。ISO/IEC 15459-6は，集合品について規定している。

表8.12.1　データストラクチャ規格

規格番号	規格名称
15418	GS1 Application Identifiers and ASC MH 10 Data Identifiers and maintenance
15434	Syntax for high-capacity ADC media
15459-1	Part 1：Individual transport units
15459-2	Part 2：Registration procedures
15459-3	Part 3：Common rules
15459-4	Part 4：Individual products and product packages
15459-5	Part 5：Individual returnable transport items（RTIs）
15459-6	Part 6：Groupings

（注）15459シリーズの規格名称は“Information technology-- Automatic identification and data capture techniques -- Unique identification --”を省略している。

8.13　データ識別子

データ識別子は，データの属性を識別するものである。サプライチェーンでは，物に関連した所有者，発荷主，受け荷主，配送者，製造年月日，保証期限，賞味期限などについてもデータ構造を規定する必要がある。これらは，物の取引に関わるすべての情報を意味する。WG2では，世界でよく使用されているEDIの識別子を基礎とした規格開発を行っている（**表8.13.1**）。EDIで用いられている識別子は，2つの系統に分けられる。流通分野で用いられているアプリケーション識別子と，産業分野で用いられているデータ識別子である。アプリケーション識別子はすべて数字で構成されている。一方，産業分野で使用されるデータ識別子は，流通分野のコード体系と区別するため，英字を使用している。

表8.13.1　データ識別子規格

アプリケーション識別子
GS1で規定
GS1 General Specifications

識別子	内容
00	Serial Shipping Container Code（SSCC）
01	Global Trade Item Number (GTIN)
11	Production Date
21	Serial Number
241	Customer Part Number
30	Variable Count

データ識別子
ASC MH10.8.2で規定
Data Application Identifier Standard

識別子	内容
B	Container Type
D	Data Code
I	Vehicle Identification Number (VIN)
J	Unique License Plate
L	Storage Location
P	Item Identification Code
Q	Quantity，Number of Pieces
S，T	Traceability（Serial）Number
V	Supplier Code

8.14 リライタブルハイブリッドメディア

一次元／二次元シンボルとRFIDの両方の機能を持ったデータキャリアとして，リライタブルハイブリッドメディアがある（**図8.14.1**）。リライタブルシートにRFタグを合体させたもので，日本からSC31に国際提案を行ったもので，規格番号はISO/IEC 29133である。リライタブルハイブリッドメディアは，人間可読文字，一次元シンボル，二次元シンボルやRFIDが合体した形で，一次元シンボル，二次元シンボルやRFIDを個別に読み取る場合と，すべて一度に読み取る場合がある。その際に読み取ったデータをどのようにホストコンピュータに転送するかを決める必要がある。ホストコンピュータ側から見れば，同じデータはデータキャリアに関係なく同じデータ構造であるべきで，データキャリアの種類に関係なく同じデータを同じデータ構造でホストコンピュータにデータ転送するほうがシステム全体としても負荷は少ない。

また現在，一次元／二次元シンボルを使用している工場でRFIDを導入する場合，一次元／二次元シンボルからRFIDに瞬時に切り換えることは不可能であり，必ず併用される期間がある。併用期間中は，一次元／二次元シンボルとRFIDのデータを両方処理する必要がある。また，一次元／二次元シンボルがRFID故障時の代替手段になることもあるため，データ構造をそろえておくことが重要である。

一次元／二次元シンボルとRFIDのデータ構造を整合規格化したものが，ISO/IEC TR 29162として規格化されている。

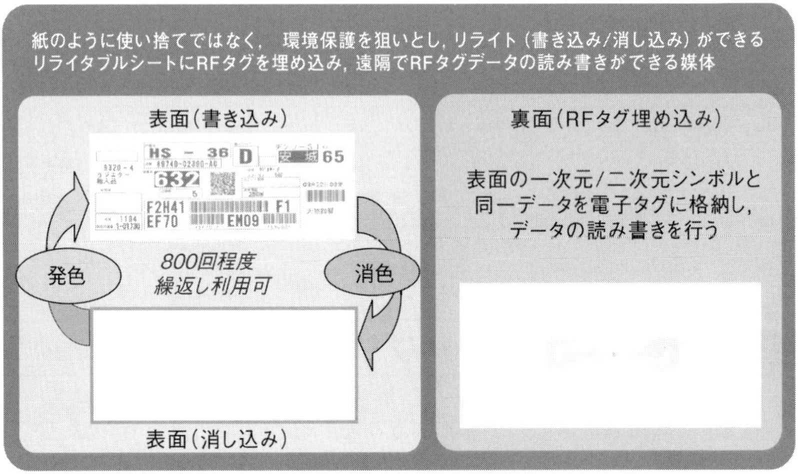

図8.14.1　リライタブルハイブリッドメディア

第9章

RFID アプリケーションの標準化の動向

9.1 はじめに

アプリケーションの標準化は，さまざまな分野で進められている。その中でも重要な分野の一つに，サプライチェーンがあげられる。サプライチェーンと一言でいってもその範囲は非常に広いので，本章では，輸送単位（輸送容器）のトラッキングやトレーサビリティ，輸送容器の識別とセキュリティ管理，輸送単位や輸送容器の位置情報などについての標準化の状況を紹介する。

標準化には，市場ニーズがあることが前提条件となっている。市場ニーズのない標準化は，使われない標準を作ることになり，無駄な努力となってしまう。使用される標準を作るためには，市場ニーズを的確に反映させることが最も重要である。

9.2 市場のニーズ

情報技術が格段に進歩し，便利な社会へと進化している中，自動車，ガス湯沸かし器，温風暖房機などのリコール，保険金の未払い，社会保険の支払い記録紛失など，多くの問題が噴出している。これらは，基本的に企業理念や企業統制に関連する問題ともいえる。情報技術が進歩し，技術的にはトレーサビリティが可能になっているにもかかわらず，標準が利用されていないことが根本的な原因と思われる。

日本における市場ニーズとしては，第一に，残留農薬，賞味期限の改ざん，原産地表示の改ざん，O-157，BSEなどの食の「安全・安心」に関するトレーサビリティがあげられる。第二に，患者の取り違え，投薬ミス，病院内感染，医療材料の不法廃棄，タミフルなどの薬の副作用確認遅れなどの医療の「安全・安心」に関するトレーサビリティがあげられる。これらの「安全・安心」に関する問題の解決に向けたRFIDのアプリケーション規格の利用が重要である。第三に，登下校時などにおける子供の保護，偽ブランド品などの偽造問題，顧客情報の流出，個人情報の改ざんなど，セキュリティにかかわる問題の解決があげられる（**図9.2.1**）。これらは，コンピュータ技術の進歩だけでは解決できない問題であり，情報を扱う人の正当性確認，認証も重要になる。第四に，環境問題の解決がある。二酸化炭素削減，省エネルギー，省資源，熱回収，3Rの推進，環境有害物資の無害化などが，緊急に解決すべき問題である。

以上述べた「安全・安心」の確保，セキュリティの向上，環境対策の3つは，互いに独立しているのではなく，相関性があることに留意すべきである。市場に商品を供給する企業にとっては，「安全・安心」の確保，セキュリティの向上，環境対策の3項目はどれも重要なものである。企業としては，これらを総合的に判断する必要がある。

これらの3項目は，ISO 9000，ISO 14000，ISO 27000などの認定を取得すればわかるが，プロセス途中でのエビデンスをいかに残すかということに尽きる。言葉を変えれば「トレーサビリティをいかに向上させるか」ということになる。

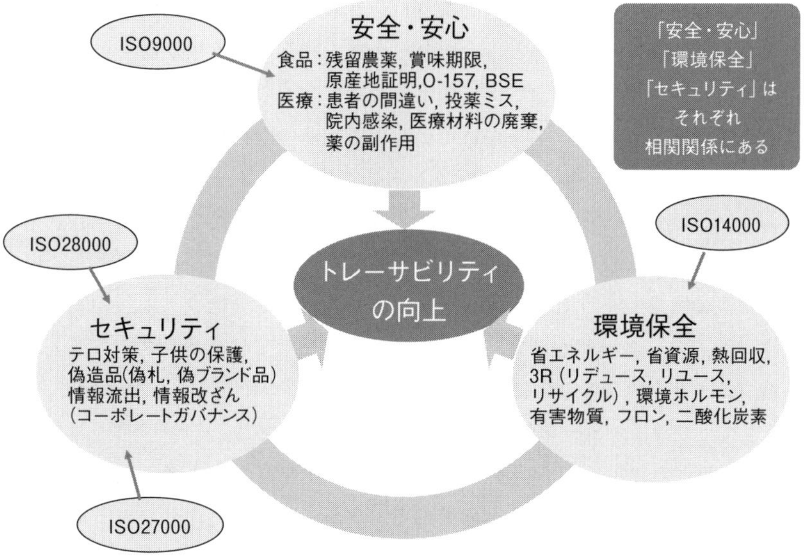

図9.2.1　市場ニーズ

9.3　トレーサビリティの本質

では，トレーサビリティは，何のためにあるのであろうか？　よくある回答は「製品履歴がわかる」「貨物・荷物が追跡できる」「所在地がわかる」などである。

しかし，これらは本当の回答になっていない。なぜ「製品履歴がわかる」「貨物・荷物が追跡できる」「所在地がわかる」などが必要となるのかを，明確にしなければならない。結論をいえば，トレーサビリティは何か問題が発生したときに必要となるもので，業務が予定どおり行われているときに求められることは少ない。問題もないのにいちいち追跡する必要はないからである（もちろん，一部の業務では追跡管理が必須の業務もある）。言い換えれば，トレーサビリティは保険のようなものである（**図9.3.1**）。

トレーサビリティシステムが役立つのは，市場に出した商品に不具合が発生したときである。故障原因の早急な解析やリコール時の選択的回収がスムーズになるなどのメリットがある。ただし，企業の経営者の立場からすれば「問題が起こったという限定的な状況に備えるために金を払うくらいなら，問題を起こさない仕組みづくりに金をかけたい」と考えるのが自然である。

しかし，トレーサビリティシステムを構築することにより「省エネルギー」「省資源」「低コスト」が実現できるという話なら，反応は異なるだろう。企業経営にとって優先順位の高い項目であるからである。中でも「低コスト」の優先順位は高く，トレーサビリティシステム構築の目的が「低コスト」の実現であれば，導入のしきい値が非常に低くなる。トレーサビリティシステム導入による低コスト化を実現するのに適しているのは，サプライチェーン効率化である。しかし，サプライチェーン効率化を実現するにあたっては，「データキャリア（例えばRFID）の費用負担者（企業）とその効率化を享受する者（企業）が異なる場合が多い」ことに注意すべきである。グループ企業内のサプライチェーンであれば調整が比較的容易であるが，サードパーティロジスティクスなどを使用したサプライチェーンでは，利害の調整が困難になりやすい。

また，トレーサビリティを実現する最も有力な手段は法制化であるが，民間企業としては，極力避けたいのが本音であろう。しかし，消費者の強い圧力により法制化される可能性は否定できない。

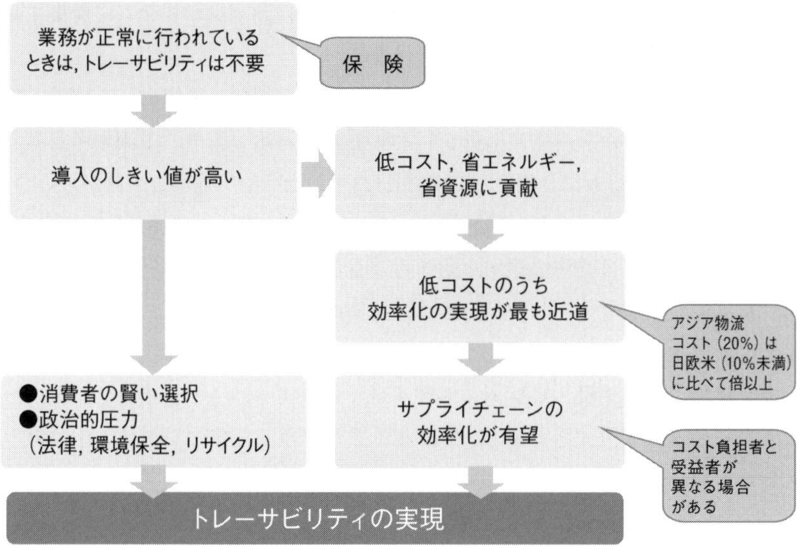

図9.3.1　トレーサビリティの本質

9.4 自動認識技術の本質

ここでは，トレーサビリティを実現するのに必要不可欠な技術である自動認識技術の本質について考えてみたい。何のために自動認識技術を導入するのだろうか？　企業によって，さまざまな理由が考えられる。自動認識技術導入の目的としては，ミスのない発注業務，受け入れ検品作業の効率化，ミスのない部品組付け，スムーズな段取りがえ，自動仕分け，ピッキングの効率化，配送ミスの防止，配送確認，作業者の認証，入門者の認証（セキュリティの向上）などが考えられる。

これらに用いられる自動認識技術とは，対象に付加された情報を機械で自動的に読み取り，データベースと紐付けする技術であるといえる。重要なのは，紐付け（比較）するデータベースがあるということである。一次元シンボルを導入している企業がデータキャリアを一次元シンボルからRFIDに切り換えるのは比較的容易である。なぜなら，すでにデータベースを持っているからである。逆に，データベースのまったくない状態から自動認識システムを構築するのは，十分な費用対効果の検証が必要になる。

ここから，商取引に話を限定する。生産活動の発端は，簡単にいえば受注である。注文があるから，生産活動が行われるのである（当然，予測生産もあり得るが，注文がなければ企業として成立しない）。どういう商品を，誰が，いつ，どこの，誰に，いくつ納入するかを示しているのが，受注（発注）情報である。サプライチェーンは受注情報から始まる。受注情報をデータベース化していない企業は少ないと考えられる。自動認識技術の導入のためには，まず，この受注情報のデータベースと紐付けることを考えるのが自然である。

企業規模，データ量，ビジネススタイルなどにより，さまざまなデータベースの形態があるが，大きく3つに分けることができる。集中システム，分散システム，複合（集中＋分散）システムである。

データベースの形態により，使用されるデータキャリアが異なることに注意する（**図9.4.1**）。集中システムでは，対象の識別情報だけあればよいため，データ量が少ない一次元シンボルやRFIDが適している。分散システムは必要となる情報量が比較的多くなるため，二次元シンボル，高容量のRFIDが適している。

また，データキャリアの宿命として，読み取りができなかった場合を想定しなければならない。読み取りができなかった場合のリカバリー手段がなければ，自動認識システムを導入しようとは思わないだろう。例えば，一次元シンボルには10進数併記，二次元シンボルには誤り訂正機能があるように，RFIDも，ICチップが故障した場合を想定して，リカバリー手段を持たせることが重要である。現時点では10進数併記や二次元シンボルとRFIDとを組み合わせた複合データキャリアによるリカバリーが適切である。

サプライチェーンでは，さまざまなデータベースシステムを紐付けする必要があるため，複数のデータキャリアを使用する必要があることに留意する。

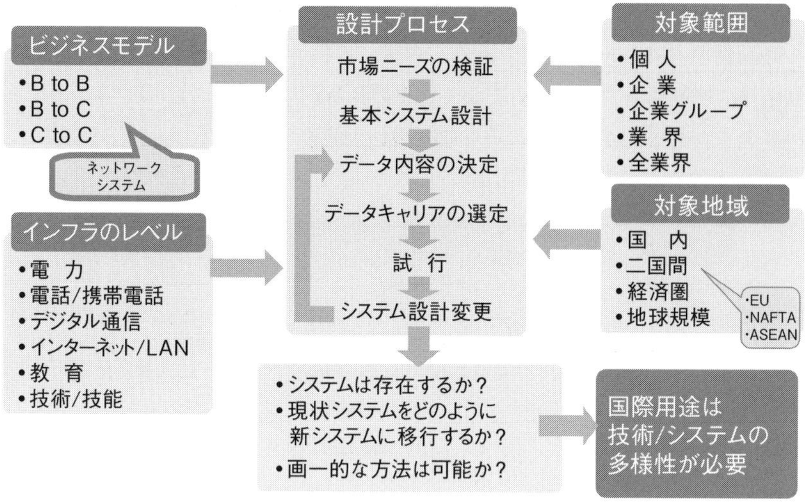

図9.4.1 データキャリアシステム

9.5 データキャリアの本質

すでに述べたように，データベースシステムの多様性に対応するためには，複数のデータキャリアの利用が不可欠な条件となる。データキャリア切り換え時やピラミッド型産業構造に対応するためにも，複数のデータキャリアの使用が必須の条件になる（**図9.5.1**）。

例えば，一次元シンボルを使用しているシステムをRFIDへ切り換える場合でも，一次元シンボルをなくすことはできない。ICチップが故障した場合のリカバリー手段として一次元シンボルを残す必要があることが，その理由の一つである。

また，システムがグループ企業や協力企業までも含む場合は，すべてを同時に切り換えることは不可能である。システム移行期には，従来から使用しているデータキャリア（一次元シンボル）を併用する必要がある。すでに何らかのシステムが存在する場合，新システムはアップワードコンパチを保障するのが当然である。データキャリアシステムでも同じである。

データキャリアの情報は，多くの場合，データキャリアが添付された商品（物）の識別情報（ユニークID）である。今後，このユニークIDが位置情報，センサ情報，URLなどに拡大されていくと思われるが，ユニークIDはプライバシーの問題を含むことがあり，慎重な取り扱いが必要となる。

図9.5.1　データキャリアの本質

9.6　RFIDを利用したサプライチェーン規格

RFIDを利用したサプライチェーン規格は，ISO TC104とISO TC122のジョイントワーキンググループで規格が作成されていたが，TC122に移管され，その後，ISO/IEC JTC1 SC31 WG8とISO TC104で行われている。TC104は，海上コンテナの規格を担当し，SC31は，包装容器の規格を担当している。サプライチェーンには，段ボール包装，木枠梱包，通い箱，シリンダ（ボンベ），パレットなどの包装容器が使用されている。それらの包装容器が，輸送単位としてコンテナに積載して輸送されるのが通例である。

9.6.1 サプライチェーン全域の可視化

「安全・安心」のためのトレーサビリティの確立が重要であると述べたが，トレーサビリティには，もう一つの重要な要素が内包されている。それは，物品の密輸やテロの防止効果である。どこの，誰が作った，どういう物かが明確にわかれば，密輸やテロへの対策において有効な手段となる。このとき，製造業者の品番が，そのままサプライチェーン全域で使用されなければならない。そのため，製造業者が物品にユニークな（世界で唯一で，重複のない）品番を付ける必要がある。そうすることで，悪意のある業者を牽制できる。このように，サプライチェーン全域の可視化は，トレーサビリティ（トラッキング）の強力なツールのみならず，密輸やテロ対策の有効な手段となる（**図9.6.1**）。

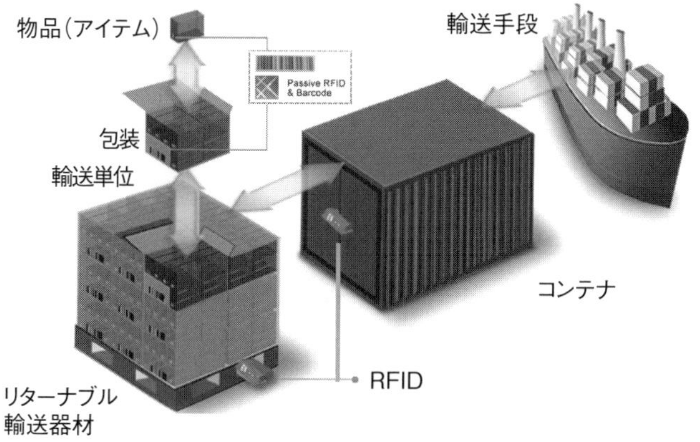

図9.6.1　サプライチェーン全域の可視化

9.6.2 サプライチェーンの階層

サプライチェーンでは，さまざまな物がさまざまな形態で輸送（移動）される。これらを，識別できるような形で管理しなければならない。サプライチェーンの基本的な輸送要素は，6つの階層に分類される（**図9.6.2**）。最上位階層（階層5）は，船や飛行機などの輸送手段である。階層4は，大型集合容器であるコンテナである。以下，リターナブル輸送器材，輸送ユニットといわれる輸送単位，包装，物品に分類される。これらの階層の識別が可能で，包括的かつ分別的な識別コード体系を導入する必要がある。

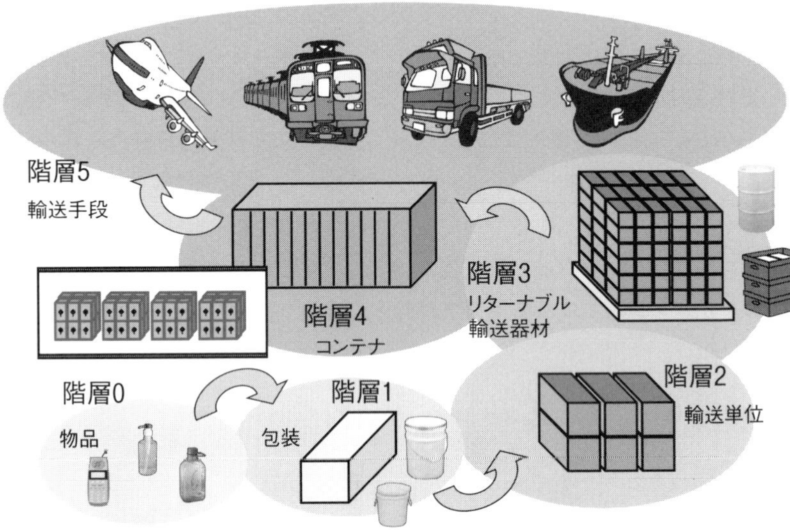

図9.6.2　サプライチェーンの階層

9.6.3　サプライチェーンのコード体系の考え方

サプライチェーンのコード体系の考え方は，次のとおりである。すべての物，すべての輸送単位，すべての輸送容器，すべての輸送手段にユニークな（世界で唯一の）コードを付与する。すべての発注者，受注者，配送先に，それぞれユニークなコードを付与する。すべての発注者，受注者，配送先の位置を示すユニークなコードを付与する。輸送の経由地や税関を識別するユニークなコードを付与する。こうすることにより，全地球的にコンピュータ管理が可能になり，トラッキングやサプライチェーンの効率化が実現可能になる（**図9.6.3**）。

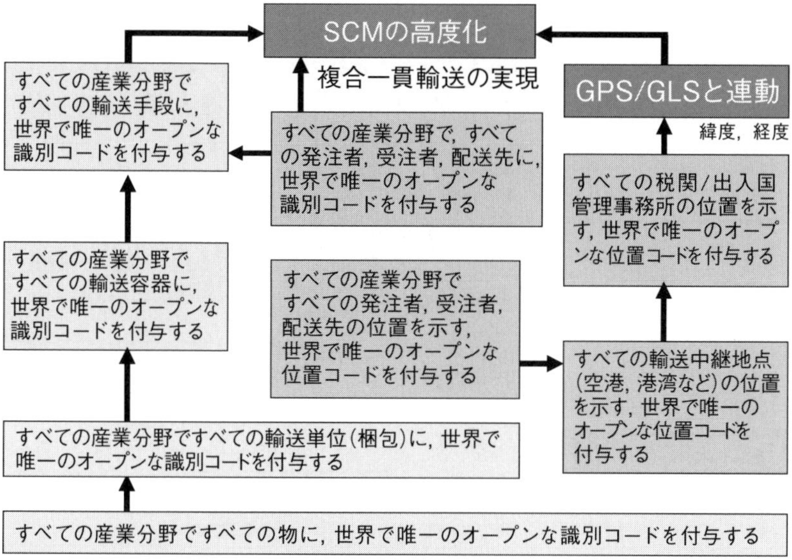

図9.6.3　サプライチェーンのコード体系の考え方

9.6.4　RFIDをサプライチェーンに利用する場合の注意点

すべての階層にRFIDを付ける場合，階層ごとにRFIDへの要求性能が異なる場合がある。物品に付ける場合，交信距離はあまり要求されないが，輸送容器に付ける場合，長い交信距離が必要である。複数の階層で同じRFタグを使用した場合，どの階層のデータかを即座に判断するロジックが必要である。複数の階層で異なったRFタグを使用する場合，上位階層では内容物の情報もチェックする場合があるので，複数のリーダライタが必要になり，コスト負担が大きくなる。したがって，あまり多くの種類（エアインタフェース）のRFタグを認めるべきではない。また，クローズドな用途で用いられたRFタグがそのままオープン用途に出てくると，誤読（誤認識）の原因となる場合があり，注意が必要である（**図9.6.4**）。

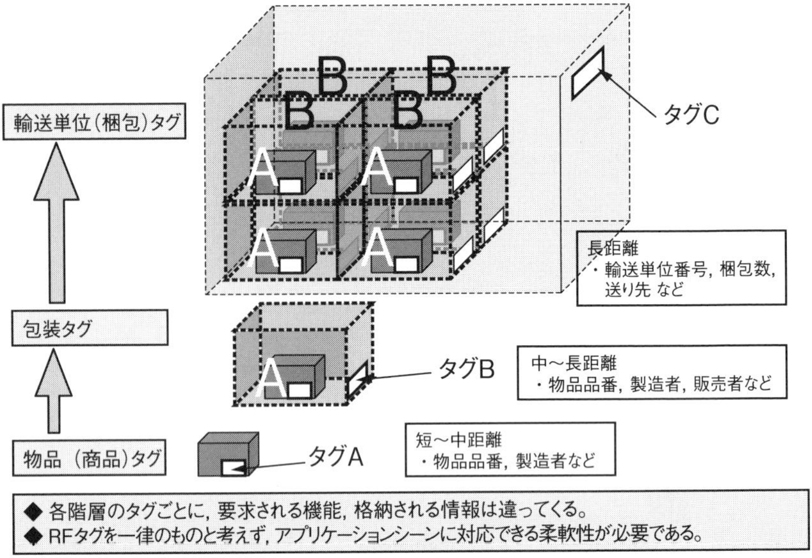

図9.6.4　RFIDをサプライチェーンに利用する場合の注意点

9.6.5　サプライチェーンの階層と規格番号

ISO/IEC 17360によるサプライチェーンの階層を**図9.6.5**に示す。図で，階層0の1番左のケースは携帯電話，電気剃刀やハードディスクなど，一般的な小型物品が該当する。1番右のケースは自動車，大型建設機械やプレジャーボートなどが該当する。右から2番目のケースは航空機の大型部品，自動車のエンジンや農業機械などが該当する。各階層で明確に層別管理できるコード体系の開発が進んでいる。

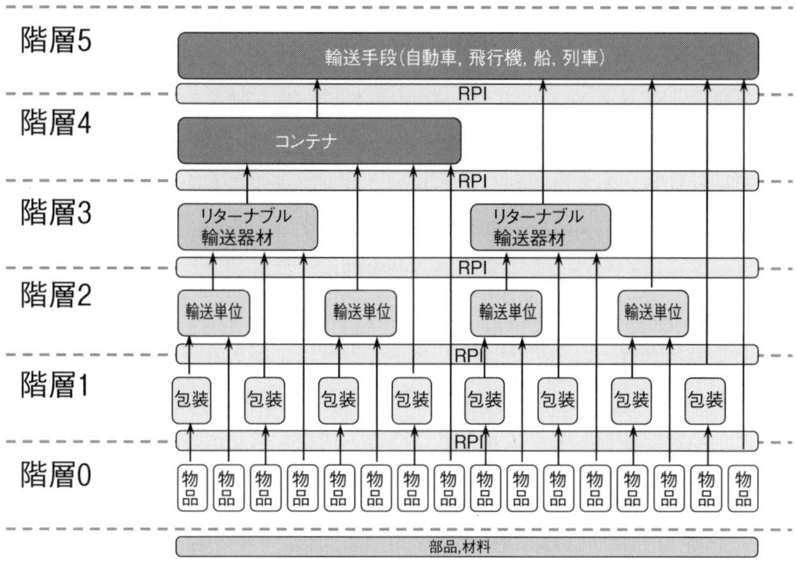

図9.6.5　ISO/IEC 17360のサプライチェーンの階層

9.6.6　RFIDを利用したサプライチェーンでの課題

RFIDは，サプライチェーンの効率化，トレーサビリティのための強力な手段である。しかし，RFIDをサプライチェーンで使用するためには課題がある。その課題は，電子商取引（EDI）との連動，一次元／二次元シンボル表記データとの融合，複数のエアインタフェース混在処理（ミドルウェアの標準化），複数のデータ構造の混在処理（ミドルウェアの標準化）などである。

前述したように，自動認識技術を利用するためには，自動取得したデータを紐付けするデータベースが必要となる。そのデータベースとして最も有効なのは，EDIに連動したデータベースである。したがって，RFタグのデータ構造（識別子）が，EDIで使用しているものと同じであることが望ましい（別途の変換テーブルが不要となるため）。ただし，RFタグの構造上，これが不可能なRFタグも存在する。

また，RFIDの導入検討にあたっては，RFタグ故障時のリカバリー手段が欠かせない。現在，大量に使用されている商品バーコード（JANコード）も，不読時のリカバリー手段としてOCR文字がバーコードの下部に印字されている。RFタグについても，OCR，バーコードや二次元シンボルなどでリカバリー手段を提供する必要がある。そのとき，RFタグを読み取っても，バーコードを読み取っても，同じデータを上位コンピュータに送る必要がある。現在では，このデータ構造に不整合な部分があり，これを解決する必要がある。

1つのアプリケーションで複数のエアインタフェースが混在したり，業界ごとにコード体系が異なったりする場合が実利用では多い。したがって，それらの処理をスムーズ（コストミニマム）に行う必要がある。バーコードや二次元シンボルの場合は，ほとんどコストアップなしにマルチリーディングが可能になっている。RFIDにおいても，このような機能の早期実現が望まれる。

また，不特定多数の人が大量に扱うため，情報システムのセキュリティやプライバシーへの配慮，RFタグの廃棄処理方法の確立が急がれる。

9.7　リアルタイムロケーションシステム（RTLS）

9.7.1　RTLSの適用範囲

ISO/IEC JTC1 SC31では，WG4で位置情報に関連したアプリケーションシステム用のRFID規格を開発している。位置情報としては，車載用のナビゲーションシステムが普及している。これはGPSシステムを用いたものである。WG4で開発する規格は，限定された区域（例えば，1km^2）の位置情報を得るものである（**図9.7.1**）。

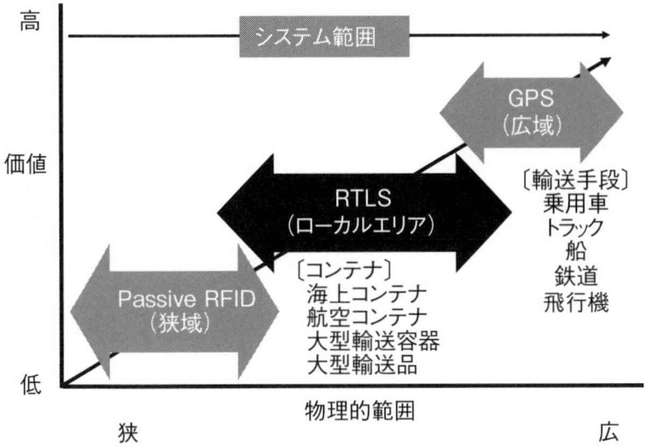

図9.7.1　RTLSの適用範囲

9.7.2　RTLSの原理

RTLSの原理は，以下のようである。コンテナを例にとって説明する。まず，コンテナにRFタグを装着する。RFタグのメモリには，ユニークなIDが格納されている。RFタグはアクティブタイプで，一定時間間隔ごとにIDを送信する。コンテナ埠頭には，複数のアンテナと複数のロケーションプロセッサ（LP：Location Processor）を設置しておく。複数のアンテナ／ロケーションプロセッサには，コンテナタグからの距離に応じて受信信号の遅れが生じる。この信号遅れと，複数のアンテナ／ロケーションプロセッサの位置からコンテナの位置を計測する。トラックにコンテナの位置を伝え，コンテナを積載する。事例は，時系列で述べたが，実際はリアルタイムで計測している（**図9.7.2**）。

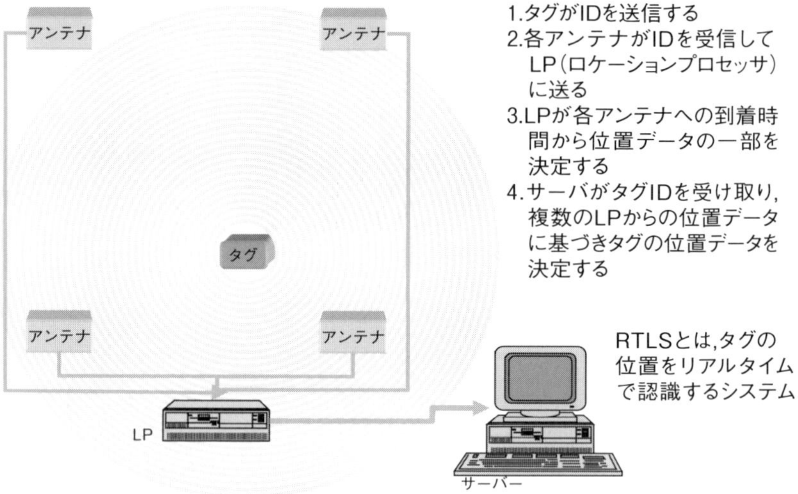

図9.7.2　RTLSとは

9.7.3　RTLS規格の詳細

RTLSの規格は，SC31 WG4で開発している。エアインタフェースは2種類あり，使用している周波数は2.4GHz（ISO/IEC 24730-2）である。2.4GHzは，使用帯域幅が80MHzあるため，60MHz帯域幅である日本の電波法に合致しない。したがって，日本では使用することができない（**表9.7.1**）。

表9.7.1　RTLS規格化の詳細

規格番号	規格名称
24730-1	Part 1：Application programming interface（API）
24730-2	Part 2：Direct Sequence Spread Spectrum（DSSS）2.4GHz air interface protocol
24730-5	Part 5：Chirp spread spectrum（CSS）at 2.4GHz air interface
24730-61	Part 61：Low rate pulse repetition frequency Ultra Wide Band（UWB）air interface
24730-62	Part 62：High rate pulse repetition frequency Ultra Wide Band（UWB）air interface

（注）上記規格名称は“Information technology -- Real-time locating systems（RTLS）--”を省略している。

9.7.4 RTLSの応用事例

RTLSは，もともと広大な国土を持つアメリカで開発された。アメリカでは広く利用されている技術である。基本的に広いエリアでの物の管理に適した技術で，コンテナ埠頭におけるコンテナの位置管理や，新車積み出し埠頭で運搬船に新車を積載するときなどに利用されている（**図9.7.3**）。

新車は，当然ナンバープレートがないので，車体番号で管理する。しかし，車体番号は外から容易に確認することができないので，積載管理用のRFタグを搭載している。運搬船に新車を積み込む場合，寄港地が複数にわたることがあり，新車を下ろす順番と逆順で積み込む必要がある。したがって，積載順番管理が重要となり，そのためにRTLSを利用している。

また，製造業の組付け工程でも広く利用されている。特に，自動車の組み立て工場は広いエリアが必要で，ワイヤレス技術を応用したさまざまな技術が利用されている。広いエリアでの管理では，ワイヤード技術よりワイヤレス技術のほうが，工程のレイアウトの自由度とコストパフォーマンスの点で優れている。

図9.7.3　RTLSの応用事例

9.8 海上コンテナ用RFID

9.8.1 海上コンテナ用RFIDの種類

海上コンテナ用RFIDの規格開発は，TC104で行っている。海上コンテナには，3種類のRFIDが装着できるようになっている。コンテナのユニークな識別を行うコンテナ識別RFタグ（ISO 10374），トレーディングパートナでその内容を決定する（主としてコンテナの内容明細）SCM RFタグ（ISO 17363），コンテナの扉の開閉を記録して不法開閉を防止するセキュリティ用途の電子シール（ISO 18185）の3種である。電子シールは，メカニカルシールと連動するようになっており，機械的に扉が開閉されると，その情報が電子シールに記録されるようになっている。

海上コンテナは歴史が古く，過去にはさまざまな周波数のRFタグが利用（規格化）されたが，現在は433MHz（ISO/IEC 18000-7）が使用されている。2001年の9.11テロ以来，アメリカが強力にコンテナセキュリティを強化する方針を打ち出し，積極的に規格作成を推進したことによる。TC104 SC4 WG2の委員会にアメリカ政府のホームランドセキュリティ局（DHS：Department of Homeland Security）が参加していることからも，その熱意がわかる（**図9.8.1**，**図9.8.2**）。

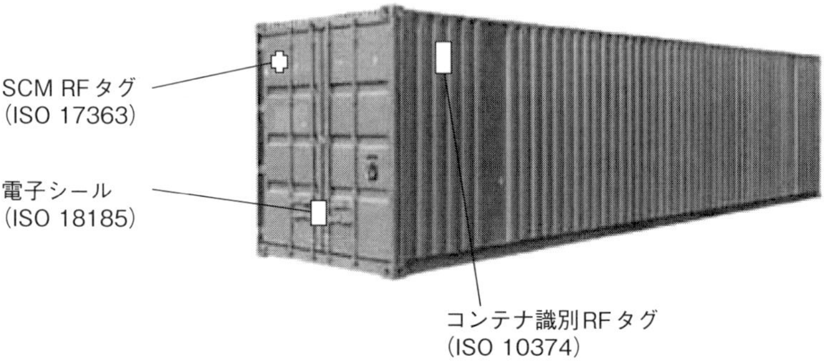

図9.8.1　3種類の海上コンテナRFタグ

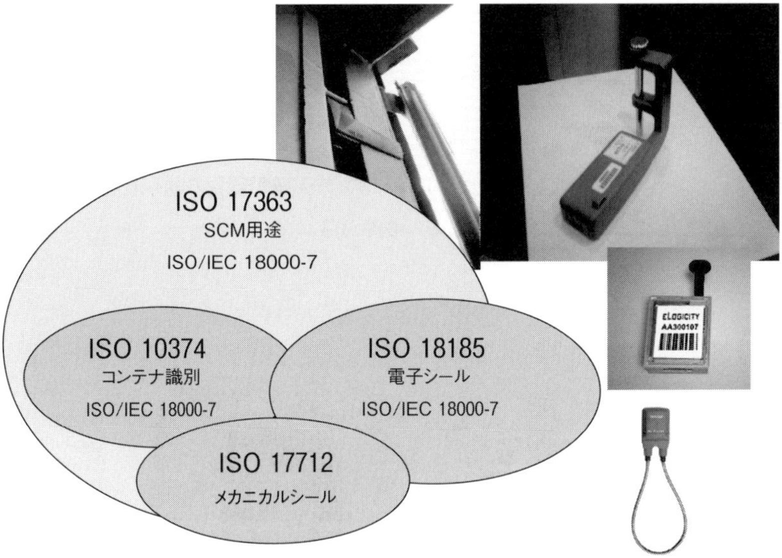

図9.8.2 コンテナセキュリティの標準化

9.8.2 海上コンテナ用RFIDの用途

コンテナ識別RFタグは，コンテナの識別に用いるほか，前述したRTLSと組み合わせてコンテナ埠頭などにおけるコンテナの位置管理にも利用できるようになっている。SCM RFタグは，基本的にアメリカ関税保護局のCTPAT（Customs Trade Partnership Against Terrorism）に関連した，24時間前ルールに基づくコンテナ内容明細を記録する目的である。しかし，コンテナにはあらゆる種類の荷物があり，荷物によっては外部からその内容を知られたくないものもある。外部から荷物の内容がわかると窃盗が容易になるため，情報を外部から容易に読み取りできるようにすることを嫌う船主が多い。そのため，規格では，トレーディングパートナの合意に基づいて情報を記録するようになっている。コンテナ船やコンテナ埠頭のセキュリティ強化のレベルに対応して使用されるものと思われる。

電子シールは，コンテナの開閉を記録するもので，パスワードなどが設定できるようになっており，不法開閉を記録するものである。輸入国の税関で電子シールの異常が検出されたら，そのコンテナは徹底的に検査されることになる。さらに，最近は，空コンテナのセキュリティについても議論されており，空コンテナにも電子シールを装着し，セキュリティを確保するという事態が想定される。中国から日本に輸送された空コンテナに，密入国者が潜んでいた事件もあった。コンテナ用RFIDの利用目的は，コンテナ通関業務の効率化（ノンストップ通関）とセキュリティ強化にある（**図9.8.3**）。

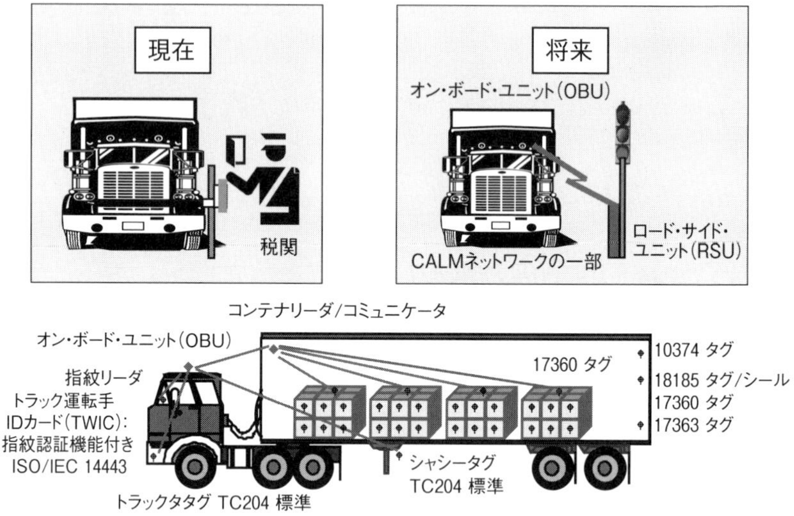

図9.8.3　通関業務の効率化

9.8.3　海上コンテナ用RFID規格の詳細

海上コンテナの利用目的が自動車などの陸送に対応した通関業務の効率化とセキュリティ強化であるため，仕様の点においても移動しながらの読み取り性能が重視されている（**表9.8.1**，**表9.8.2**）。具体的には，50km/hで移動するトラックに積載されたコンテナの情報を読み取ることが求められる。一方，移動速度0km/hが規定されているのは，人がハンディターミナルを持って読み取ることを想定している。タグ間距離3mは，2段積みのコンテナのタグ間距離を想定し，タグ間距離1.2mはコンテナヤードにおける多段積みのコンテナのタグ間距離を想定している。不読率の0.01%，誤読率の0.0001%は厳しすぎるという意見もあったが，現在，よく使われているバーコードと比べるとゆるい規格になっており，市場の要求は厳しいということを理解すべきである。

表9.8.1　海上コンテナの電子シール

規格番号	規格名称
18185-1	Part 1：Communication protocol
18185-2	Part 2：Application requirements
18185-3	Part 3：Environmental characteristics
18185-4	Part 4：Data protection
18185-5	Part 5：Physical layer

（注）上記規格名称は“Freight containers -- Electronic seals --”を省略している。

表9.8.2　海上コンテナRFIDの性能

移動速度	読み取り距離	タグ間距離	読み取り角度
50km/h	1～10m	3m	45°
30km/h	1～10m	1.5m	70°
0km/h	0.1～2m	1.2m	90°

パラメータ	内容	
不読率	0.01%（100ppm）	不読≦1/10 000
誤読率	0.0001%（1ppm）	誤読≦1/1 000 000

9.9 その他のRFIDの標準化動向

サプライチェーンでの用途は前述したが，それ以外の業界でも用途に応じてRFIDアプリケーションの標準化が行われている。**表9.9.1**にその一部を示す。

表9.9.1　さまざまな業界におけるRFIDアプリケーションの標準化

業種	規格化団体	規格・ガイドライン
流通・小売	GS1	EPC Tag Data Standard EPC Tag Data Translatorなど
医療機器	AMDD	AMDD電子タグ利用に関するガイドライン
自動車用タイヤ	ISO TC31/WG10	ISO 20910 ISO 20911 ISO 20912
航空手荷物	IATA	IATA RP-1740C IATA RP-1754 EBP Implementation Guide
図書館	ISO/TC46/SC4	ISO 28560シリーズ

これらの標準の利用は業界団体によって決められているケースが多く，RFタグを使用する際には自身の所属する業界団体で採用されている規格やガイドラインを確認して使用するべきである。さもなくば，取引先とのデータの取り扱いや要求性能などに問題が発生する可能性がある。さらに，SC31/WG8でもさまざまな業界向けのアプリケーション規格の開発を進めているため，今後の動向には注意したい。

9.10　今後の展望

データキャリアは歴史的に見て，標準化が完了した時点で普及（拡大）期に入る。代表的なデータキャリアである一次元／二次元シンボルの標準化はすでに完了しており，RFIDについてもほぼ完了した。ICカードはすでに完了しており，乗車券をはじめとして普及期に入っている。

RFIDに関しては，UHF帯の出現によりデータキャリアの利用範囲が格段に広がった。これにより一次元／二次元シンボル，HF帯RFIDなどの利用が減少することはない。業界のアプリケーションは無限にあり，これらのアプリケーションごとに最適なデータキャリアが選択できるようになったのである。例えば，日本が提案した二次元シンボルのダイレクトマーキング規格が成立したことにより，本来，RFIDが苦手とする金属部品にも，ローコストでデータキャリアの付加が可能になった。日本提案で成立したリライタブルハイブリッドメディア（リライタブルシート＋RFID）規格化もRFIDの普及には不可欠なデータキャリアである。

これらのデータキャリアの標準化が完了したことにより，データキャリアが製品や部品に添付され，製品・部品のライフサイクル全域にわたり管理可能となった。また，ISO/IEC 18000-63が改訂され，RFタグにセンサを取り付け，RFタグのメモリに書き込まれたデータだけでなく，センサの情報も取得できるようになった。これにより，輸送ケース単位ではなく，製品，部品といった個品単位での温度変化などの情報をトレースできるようになり，アプリケーションの用途がさらに広がることが期待できる。

データキャリアのデータ構造の課題には，業界により採用する標準でフォーマットが異なることがある。例えば，自動車製造業界ではISO/IEC 17360を採用しており，自動車タイヤ業界ではGS1 EPC Tag Data Standardを採用している。サプライチェーン全体を見ると同一の読み取り装置でEPC Tag Data StandardとISO/IEC 17360のフォーマットが混在し，アプリケーションは双方のフォーマットを解釈しなければならなくなるおそれがある。**図9.10.1**にISO/IEC 18000-63のRFタグのメモリマップ，**図9.10.2**にメモリバンク$MB01_2$のメモリマップを示す。

ID（$MB01_2$）のみを読み取る運用であればエアインタフェースにおける「Inventory」で読み取ることができるが，ユーザデータ（$MB11_2$）も読み取る運用では「Access」コマンドを使用してメモリのアドレスを指定して読み取る必要がある。EPC Tag Data StandardはPacked Objects方式を，ISO/IEC 17360はNon Directory方式を採用している。この2つのフォーマットはデータの格納サイズの指定方法が異なるため，それぞれのデータフォーマットを解釈してアプリケーションが読み取りサイズを判断しなければならない。

RFIDリーダライタが$MB11_2$のフォーマットを解釈して自動的にデータのみ抽出してデータを返す機能をサポートしていないため，アプリケーションまたはミドルウェアでこの部分を解釈する機能を実装する必要があるが，どちらか一方のフォーマットには対応していてもすべてのフォーマットをサポートするパッケージアプリケーションはなく，実装には多大なコストを要するだけでなくパフォーマンスを落とす結果となることが想定される。なお，2022年8月に公開されたEPC Tag Data Standard 2.0では，従来バージョンにおいてはPacked Object方式でMB11_2に書き込んでいた情報をMB01_2に書き込む方式が追加されており，実装が比較的容易になった。

また，ISO/IEC 18000-63ではセキュリティの強化およびセンタのサポート機能が追加されている。今までRFタグに書き込まれたデータをセキュアにする技術が利用可能になったことに加え，RFタグに各種センサを組み込み，RFIDの無線通信を使用してセンサ情報を取得できるようになった。これにより，例えば，コールドチェーンといわれる，食品や医薬品などの一定の温度管理が必要な商品を，品質の劣化を防ぎながら一貫して適当な温度のまま流通するシステムにおいて有効であると考えられる。従来の物流ではデータロガーなどで冷蔵庫の庫内温度は管理しているものの，商品一つひとつの温度変化までは管理していないことがほとんどであるが，センサ付きのRFタグを使用することにより個品の温度を簡単に管理できるようになる可能性がある。接続可能なセンサの種類は温度のみではないためさまざまなアプリケーションでの応用が期待できる。

センサの種類としては，ユーザが測定間隔などをプログラミング可能なFull Function Sensor，プリプログラミングされているSimple Sensor，交信時のセンサ値を応答するSimple Sensorの3種類がサポートされており，用途によって選択可能である。Simple Sensorでは，センサを駆動させるための電源はエアインタフェースから給電される電力でまかなうことができるため，RFタグ側に電池を必要とせずに使用することができる。バッテリーレスのパッシブタイプのタグで実現できることから安全にセンサ付きのRFタグを使用することができる。なお，Full Function SensorやSimple SensorのRFタグはセンサを動作させるためにRFタグにバッテリーが必須であるとの誤解を生じがちであるが，この電力はエアインタフェースからも給電することができるため，アンテナから給電し続けるような使い方であればRFタグ側にバッテリーを持たなくても動作させることは可能である。

さらに，ISO/IEC 22243の規格が制定されUHF帯のRFタグの位置情報も判定できる技術が開発された。UHF帯のRFタグの位置を識別する方式は各メーカーによってさまざまな技術が開発されているが，国際標準として制定されたのはISO/IEC 22243が初めてとなる。今後，ほかの技術を標準化するような流れとなれば，UHF帯のRFタグの位置を特定できるようになる。すでに物品に貼付されているRFタグを使用して物品の位置を特定できることとなり，物品管理に大いに役立つことが期待される。

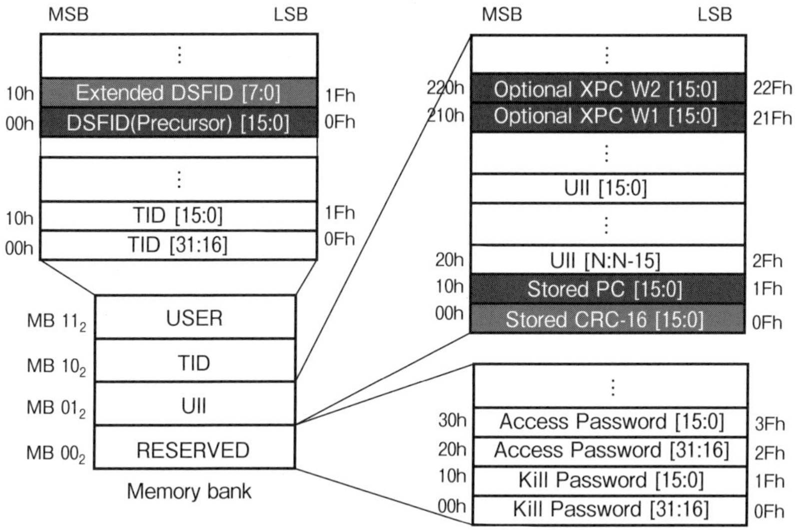

図9.10.1　ISO/IEC 18000-63 Type Cのタグメモリマップ

第9章

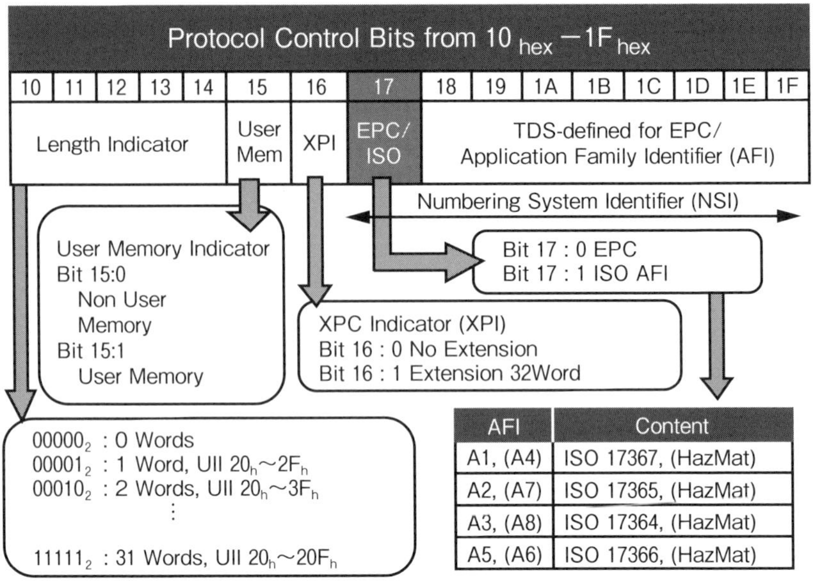

図9.10.2　ISO/IEC 18000-63 Type CのMB01$_2$メモリマップ

第10章

RFIDの応用事例

10.1 RFIDおよびGPSを利用した車両ロケーション管理システムの実用化

【システムの概要】 完成車両の移動を行う際に，作業者が装着する専用デバイスのボタンをワンクリックするだけで，車両情報と位置情報を簡単かつリアルタイムに取得できる。これにより，車両登録作業や集計などの確認作業，車両の捜索作業の効率化を実現した。また，完成車両の保管場所や空きスペースを即座に把握できるようになり，より効率的かつ正確な車両移動の指示を出すことが可能となる。

【開発の背景】 紙を用いた車両の移動記録と，それをもとにした車両捜索

完成車両の物流拠点には，出荷前の完成車両が広大な敷地に約3万台（日産自動車九州の場合）保管されている。各車両の位置情報は作業者のメモをもとに事務所で入力して管理していたため，作業効率やデータの精度・鮮度に課題があった。また，現場で対象車両を特定する際には，エリアを巡回して車両を捜索するため，捜索に時間を要していた。

図10.1.1　RFIDを用いたシステム導入前の車両の管理方法

【システムの特徴】

現場への負荷が少ない簡単作業で，リアルタイムに情報を取得

① ワンクリックの簡単な登録作業

作業者は専用ポーチを身に着け，ボタンをワンクリックするだけで簡単に車両登録作業が完了する。

② リアルタイムなデータ登録と連携

ボタンワンクリックにより，車両情報（RFIDタグ情報）と位置情報（GPS情報）が，スマートフォンアプリを用いて即時に取得され，その場でサーバへ連携される。

③ 直感的に把握できる車両位置

車両位置はアプリの地図上に表示されるため，誰でも直感的に把握できる。

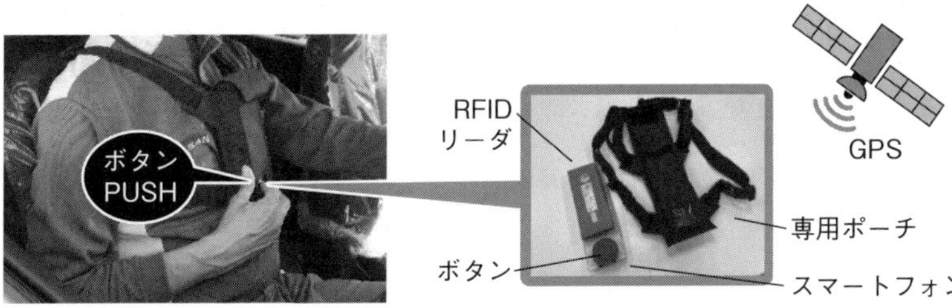

図10.1.2　システムの特徴

【システム構成】

「車両情報&位置情報」の即時登録と現場情報の見える化を実現

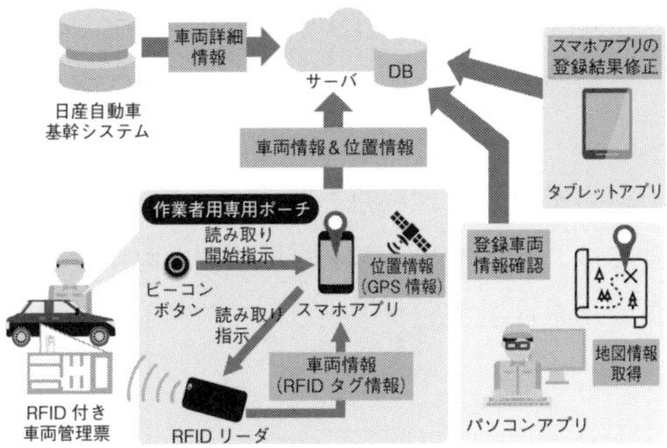

図10.1.3　システム構成

【導入の効果】

① 車両登録作業と車両捜索作業の効率化

- 車両登録時間：　約10秒で登録完了（工程数は導入前から80%削減）
- 車両捜索時間：　1台あたり約10分削減（月2 000台と仮定した場合，約330時間の削減）

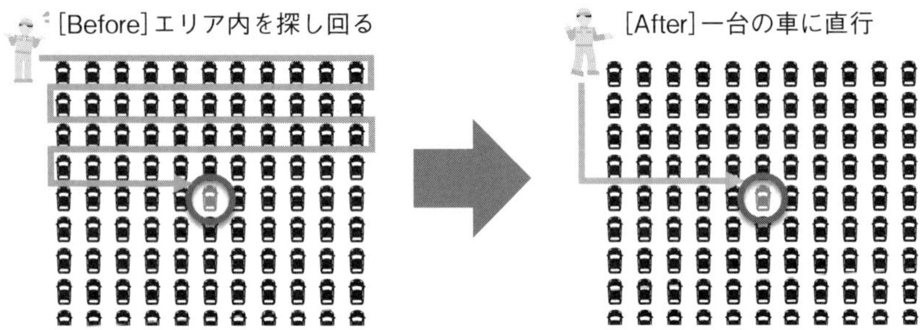

図10.1.4　車両登録作業と車両捜索作業の効率化

② データの精度と鮮度の向上

手書きなどの属人的作業からボタンワンクリックの作業とすることで，作業負担軽減だけでなくデータ（車両情報，位置情報）の精度向上を実現した。現場で登録した情報がリアルタイムにシステムへ連携され，常に最新の情報が把握できる。

③ 作業品質の標準化

車両登録作業を単純化し，またRFIDとGPSを活用することで，作業品質の標準化を実現した。経験によらず誰でも簡単に正確な作業が可能になった。

【今後の展望】　日産自動車では他拠点への本システムの展開を検討している。また，将来に向けては，リアルタイムかつ正確な車両位置データをもとに，今後の車両管理の自動化を目指す。

図10.1.5　今後の展望

《応用事例提供》TOPPANエッジ株式会社，日産自動車株式会社

10.2 油・水・薬品の漏れを検知できるRFIDタグを用いた配管リーク（液漏れ）などの監視システム

【プロジェクト概要】　東北電力とTOPPANエッジ（旧 トッパンフォームズ）は印刷配線とRFID技術を組み合わせ，油や水，水性薬品などの液漏れ検知システムを開発し，2022年6月から東北電力の新仙台火力発電所にて，実証実験を実施した。発電所の配管など，液漏れ点検が必要な部分に導入することで，従来は目視で確認していた場所に加えて，目視では確認しにくい場所についても，液漏れのいち早い発見の実現を目指す。

【開発の背景】　配管の液漏れ重症化防止

産業プラントの老朽化に伴う配管の漏えい事故は年々増加の傾向にあり，その原因の約50%が配管の腐食といわれている。配管の多くは被覆されているため，液漏れの際にすぐに発見することが難しく，発見時には大規模な漏えいが発生しているケースもある。特に薬品や油の漏えいは，環境汚染や火災事故といった甚大な被害に直結するおそれがあり，漏えいさせないための維持管理はもとより，現状以上にいち早く液漏れ検知できる方法を模索していた。

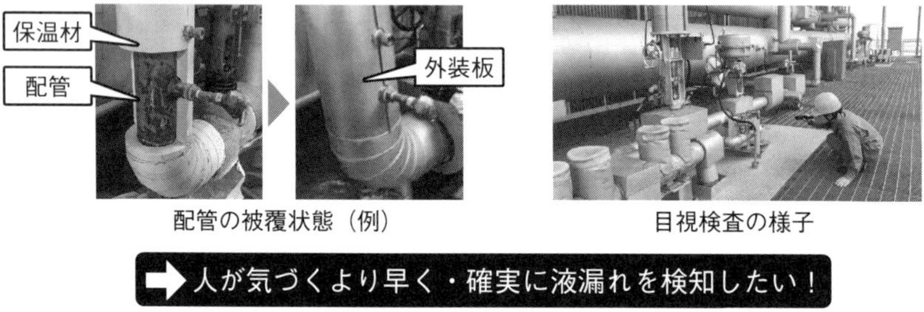

図10.2.1　配管の被覆状態と目視検査の様子

【システムの特徴】 印刷配線とRFIDの技術を活用した液漏れ検知システム

① 液漏れの早期発見が可能

配管に取り付けた液漏れ検知RFIDタグを，ハンディ型RFIDリーダで読み取るだけで，ID情報と液漏れの状態が簡単に検知できる。

② 水･油･薬品の検知に対応

検知部を交換することで，水・油・薬品などさまざまな液体を検知できる。

③ 低コストで広範囲をカバー

検知部は印刷配線のため，ケーブルセンサ方式よりも低コストで導入できる。コストが課題で導入できなかった場所への設置も可能になる。

④ 電源も電池も不要

ハンディ型RFIDリーダの電波を受信して液漏れ検知RFIDタグの情報を読み取る仕組みであるため，設置場所への電源工事や電池が不要となる。

【検知原理】 検知原理は次のとおり。

〈液漏れ検知前〉 油は水・薬品とは違って電気を通さないため，検知原理も異なる。液漏れが生じていない場合，油の検知部は電気を導通させておき，水や薬品の検知部は電気が通らないように断線させておく。

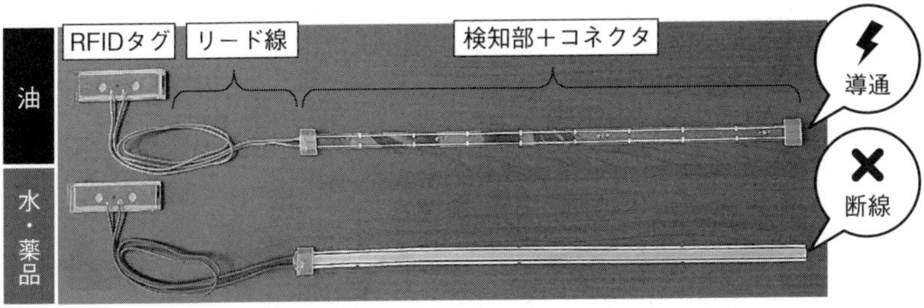

図10.2.2 RFIDタグと検知部

〈液漏れ検知時〉 **図10.2.3**のように，検知部の導通状態がそれぞれの原理で変化する。

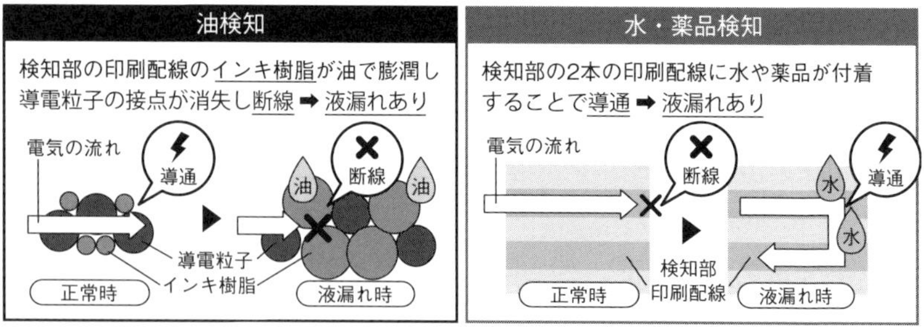

図10.2.3　液漏れ検知時

【導入の効果】　社会インフラである発電所での事故は，社会的に重大な影響を及ぼす。RFIDを用いた検知システムの導入により，点検品質の向上・均一化，早期の異常検知が可能となり，社会インフラの維持管理を効果的に行うことができた。詳細を**表10.2.1**に記す。

表10.2.1　導入の効果

	導入前	導入後	付随効果
点検時間	数～数十秒／箇所 （立ち止まり，しゃがんで点検するなど）	1～2秒／箇所 （リーダをかざしながら通るだけ）	夜間の場合，点検の所要時間の縮小幅が大きい
点検品質	点検員によって差がある	誰が実施しても同品質で点検できる	熟練者をほかの業務にあてられる
異常検知	外装板から漏れないと発見できない	内部漏れの段階で発見できる	早期発見により被害を最小化できる

図10.2.4　点検の様子

【応用例】

① ハンディ型RFIDリーダ運用による一元管理の実現

実証実験ではハンディ型RFIDリーダで一か所ずつその場で液漏れ有無の確認を行ったが，今後はRFIDリーダを持つ点検員が現場を周回しながらデータを収集する形とし，設備全体の液漏れ有無を見える化していく（**図10.2.5**）。

② 自動点検による管理の効率化と省力化

将来的にはAGVやドローン，各種センサなどを活用して点検業務を自動化し，さらなる効率化と省力化を目指す（**図10.2.6**）。

図10.2.5　設備全体の液漏れ有無の見える化

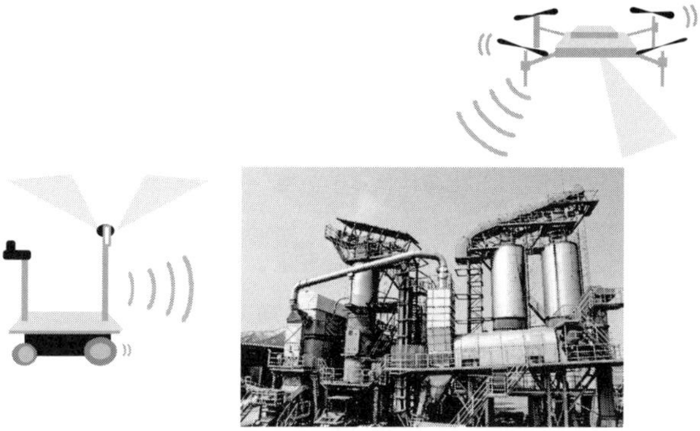

図10.2.6　自動点検による管理の効率化と省力化

《応用事例提供》TOPPANエッジ株式会社（旧 トッパン・フォームズ株式会社），東北電力株式会社

10.3 温度ロガー機能付きデュアルRFIDラベルによる農産物の定温物流管理

【システム概要】 UHF帯，NFCの2周波数帯対応のデュアルRFIDタグとバッテリー駆動のアクティブ温度センサ／ロガーを1枚のRFIDラベルに加工し，農産物輸送中の温度変化による品質劣化の防止を実現する。

【開発の背景】 食品輸送においては，鮮度の維持と品質劣化防止のために，最適な温度での輸送や保管を求められる。従来，出荷時や輸送時の特定の中継点で商品温度の計測は行われていたが，出荷以降の継続的な温度履歴の取得と管理は，工数やコスト面などから困難とされていた。

従来の温度ロガータグは使用後の回収が必要であったが，システム導入後は使い切りのシールタイプになったため，回収する手間やコストが不要になった。また，NFC帯に対応しているため，民生端末で読み取りが可能になり，システムの低価格化が実現された。

図10.3.1　出荷されるイチゴ

【システムの特長】 定温管理で安心・安全を実現

① 温度センサ＋ログ機能＋ラベル

現時点の温度だけでなく設定間隔で継続的に記録するため，時系列で温度変化を把握できる。また，マンガン電池のペーパーバッテリーを採用しているため，航空輸送にも対応できる。

② 2周波数帯(UHF, NFC)に対応

UHF帯では，入出荷管理と製品トレース管理を行う。NFCでは，温度ログと位置情報を取得する。

③ クラウド管理

温度履歴・位置情報・作業履歴などをクラウドで管理する。

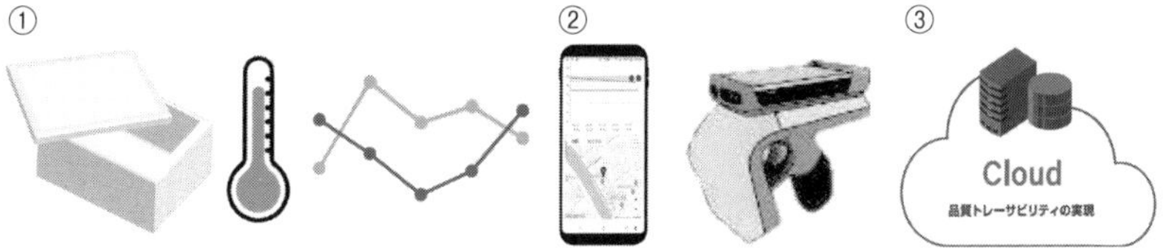

図10.3.2　システムの特長

【システム構成】　システム構成を**図10.3.3**に示す。

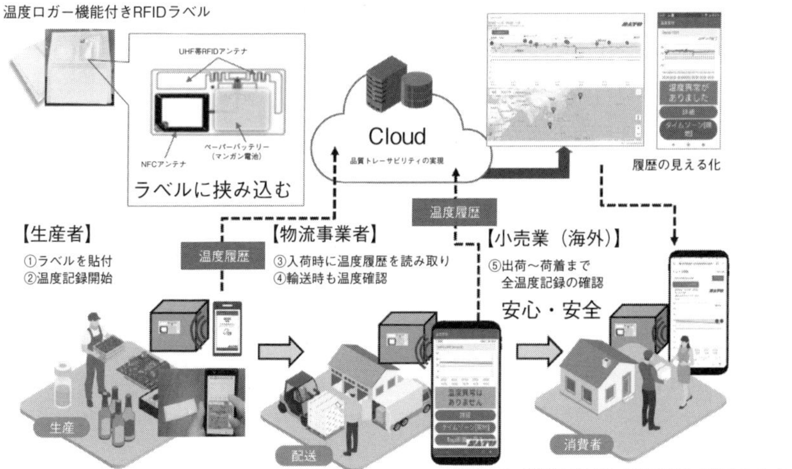

温度ロガー機能付きRFIDラベル運用概要（沖縄セルラー）

経済産業省　戦略的基盤技術高度化支援採択事業（平成22年度～24年度）

図10.3.3　システム構成

【導入の効果】

〈品質管理の実現〉　出荷から小売店への納品までの全過程で品質を担保し，「安心・安全」な商品の供給が可能となる。

〈原因究明と対策〉　冷蔵品が輸送時に「凍結」してしまった（過冷温）など，想定外の温度変化による商品の劣化についても，見える化や改善が可能となる。

〈ブランド向上〉　生産者のブランド維持や輸送サービスの品質向上，新たな付加価値の提供を目指す。

【今後の展望】

〈温度ロガー機能付きRFIDタグビジネスの拡がり〉　「定温輸送」は食品以外にも化学や製薬などさまざまな分野での活用が期待でき，持続可能な社会の実現に貢献できる技術である。

図10.3.4　今後の展望

《応用事例提供》株式会社サトー，沖縄セルラーアグリ＆マルシェ株式会社

10.4 RFIDを活用した樹脂製通箱高速仕分けシステム

【システムの概要】 自動車部品の収納・搬送に使用される樹脂製通箱において，過酷な使用環境（振動・衝撃・汚れ・洗浄など）のため汎用RFタグの適用が難しいというこれまでの定説を覆し，汎用RFタグを活用して「稼働率と現場作業性」を最優先した「物間700mm，90m/分で高速仕分け」するシステムを構築した。

➡ 1日約13万箱!! RFID活用で仕分け作業の負担軽減

【開発の背景】 樹脂製通箱が抱える課題

① 地球(グローバル)環境面の課題

世界のトレンドとして石油由来品を減らそうという傾向にあるが，現状の樹脂製通箱の使用と管理には「もったいない」部分があった。

② 地域(愛知県)環境面の課題

中継物流センターが分散しており，幹線道路から遠いという課題があった。アクセスが悪いため，地域渋滞の原因になっていた。

③ 職場環境面の課題

手作業によって仕分け作業がなされていたため，職場環境の点で「きつい・汚い・危険」という「3K」の要素があり，離職率が高かった。

→ これらの課題の解決策として，幹線道路沿いに中継物流機能を集約し，3Kを排除する「通箱高速仕分けシステム」を導入した

図10.4.1　開発の背景

【システムの特長】 処理能力実現のための三位一体の取り組みポイント

① 使用環境の見極めとRFタグ選定

以前は過酷な環境下での適正な判断基準がなかったが，評価項目を体系化して試験を実施し，安価・汎用タグで可能な使用方法を構築した。

② 読み取り環境の診断・構築

稼働率と現場作業性を向上させることを最優先とし，物間700mm，速度90m/分のシステムを構築した。

箱投入条件は，箱種・タグ面・段数においてランダムとし，読み取り範囲を限定化することで，4σの読取精度を達成した。

③ データマネジメント

将来展望を見据え，ISO/IEC 17360準拠のタグデータフォーマットでデータを格納している。予見されるシステム混在による障害発生を未然に防ぐためである。

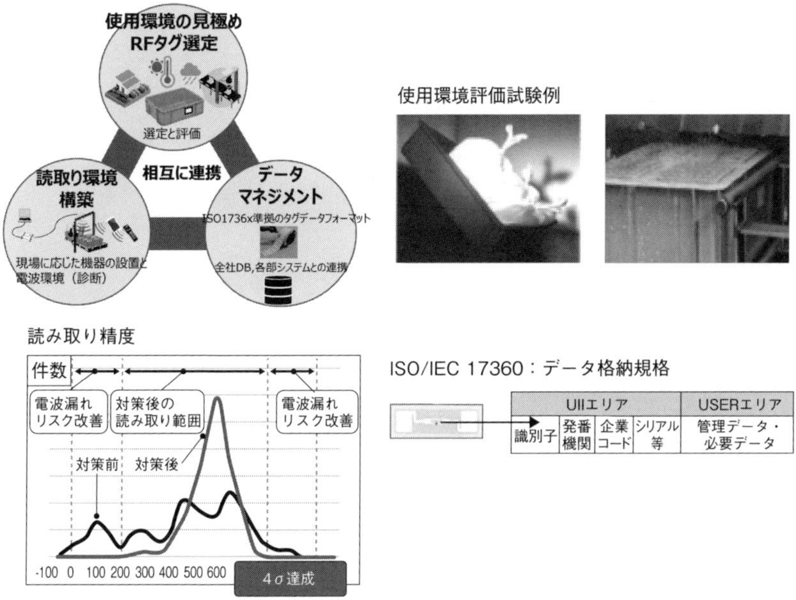

図10.4.2　システムの特長

【**システム構成**】　システム構成を**図10.4.3**に示す。

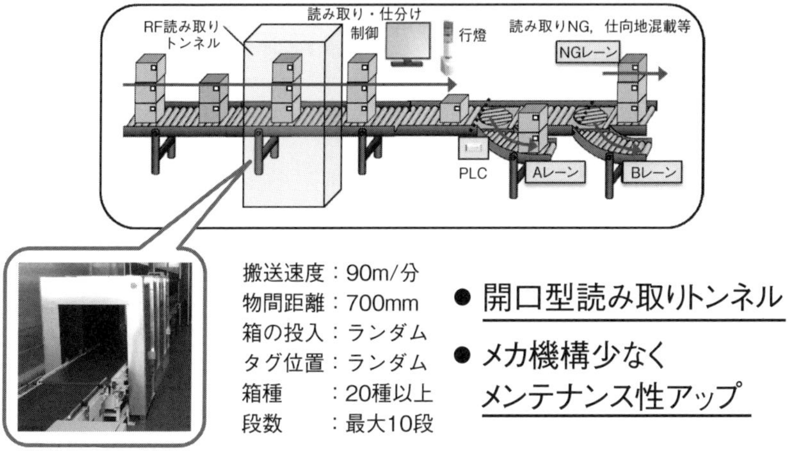

図10.4.3　システム構成

【導入の効果】　樹脂製通箱200万箱にタグ貼付

システム導入前の課題について，それぞれ次のように改善された。

① 樹脂製通箱の使用と管理

滞留状況を可視化できるようになった。

② 中継物流機能分散，地域渋滞などの発生

処理能力が向上したうえに，幹線道路沿いに物流センターを集約したことで，地域住宅街の渋滞を緩和できた。

③ 3Kによる離職率

3Kを脱却したことで離職率が改善された。また，持続可能なオペレーションを実現した（23人工の低減）。

図10.4.4　導入の効果

【今後の展望】　通箱＋RFIDのアプリケーションを拡大

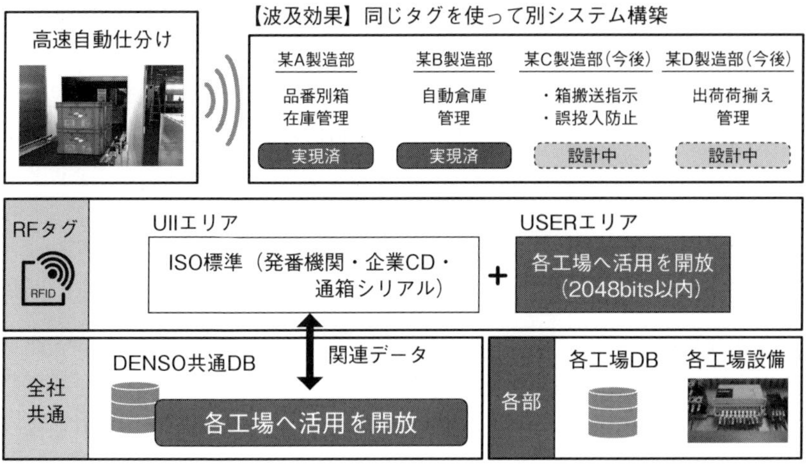

図10.4.5　今後の展望

《応用事例提供》　株式会社デンソーエスアイ

10.5 スペシャリティ医薬品の流通管理ソリューション

【システムの概要】 キュービックスシステム

医薬品の個装箱にRFタグを貼付し，医療機関や保険薬局に設置したIoT保管庫に格納，常時遠隔監視することで，在庫や品質，入出庫状況をリアルタイムに検知，蓄積できるシステム。品質，在庫状況はすべてポータルサイト上で確認でき，消費された分の医薬品は自動発注される。

【開発の背景】

- 高額医薬品，保冷医薬品の増加
  抗癌剤，希少疾病用医薬品などのスペシャリティ医薬品と呼ばれる高額かつ保管温度や有効期限などの特殊な管理が必要な医薬品が増加している。
- 厳格なトレーサビリティ，セキュリティ対応
  医薬品の保管・使用記録が厳格化され，盗難防止対策の必要性が高まっている。
- 医療従事者の働き方改革，タスクシフティングへの対応
  労働者減少を背景に，モノの管理業務の効率化および高度かつ専門的な業務へのタスクシフティングが加速している。
- 医療費削減，医薬品ロス削減への対応
  医療資源の有効活用や期限切れ医薬品の廃棄削減に対する社会的要請が高まっている。
  ⇒ 最新技術を用いて医薬品業界における課題を解決し，持続的な医療提供に貢献する新たなソリューションを開発する

【システムの特徴】 高額保冷医薬品を中心とした医薬品の不動・廃棄ロス削減と業務コスト低減，セキュリティ強化に貢献する。

- 遠隔在庫・品質監視サービス
  製品の在庫や温度ログの遠隔自動管理を実現する。
- 在庫自動発注サービス

遠隔監視による製品の発注業務を自動化する。

- セキュリティ・トレーサビリティ管理サービス
  RFIDによる製品単位の入出庫ログの自動記録を実現する。
- 在庫リフレッシュサービス
  不動品や未使用品の在庫を適切に入れ替える。
- 24時間365日監視サービス
  24時間365日コールセンター管理によりトラブルに早期に対応する。

図10.5.1　IoT保管庫

【システム構成】 医薬品の個装箱に貼付するRFタグと医療機関などに設置するIoT保管庫を活用し，医薬品卸から設置先，患者までをシームレスにつなぐことで，医薬品個々の在庫や品質，入出庫履歴のタイムリーな遠隔監視を実現する。

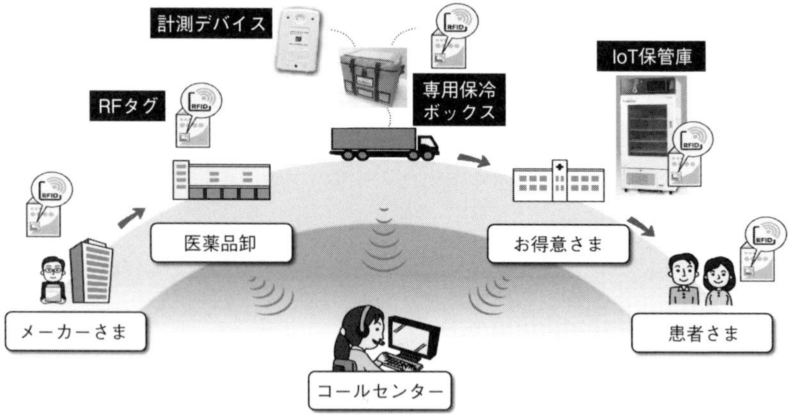

図10.5.2　システム構成

【導入の効果】　慶應義塾大学病院におけるトレーサビリティ機能付き冷蔵庫キュービックスの有用性の検討を次に示す（日本薬学会 第139年会 発表内容より概要）。

■ 導入前後の廃棄金額と期限内交換金額

年間で約120万円の廃棄リスク削減

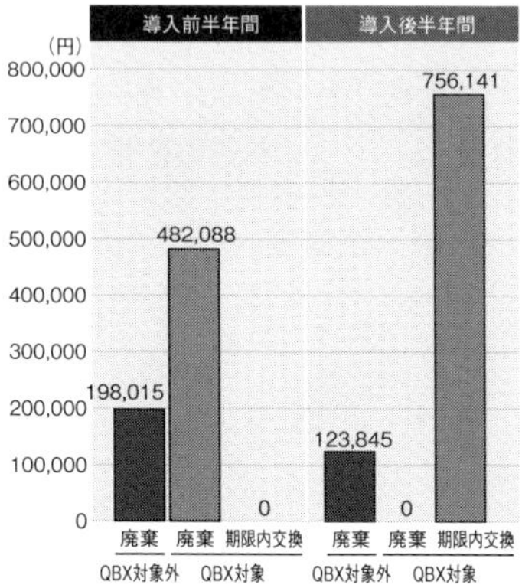

■ 業務効率化に対するアンケート結果

約3.6万円／月の業務効率化

業務	平均削減時間（分／日）
1.医薬品払出業務	▲2
2.医薬品返却業務	▲1
3.医薬品発注業務	3
4.処方動向調査	20
5.検品業務	3
6.品質管理業務	15
7.返品業務	10
8.その他	2
計	50

月あたりの業務削減時間（20営業日／日）　約16.6時間

人件費削減効果：36,453.6円／月※3

QBX保管対象医薬品の業務効率化に関するアンケート

医薬品管理業務に関わる薬剤師6名，SPDスタッフ6名を対象にQBX導入前と導入後で8項目の業務で要する時間のアンケートを実施。
導入前後の業務改善時間を算出した。

※3 2017年度厚生労働省発表薬剤師平均時給2,196円をもとに算出

図10.5.3　導入施設の評価

【応用例】 医療機関などのさらなる課題解決につながるサービス展開を行う。

- 室温のハイリスク薬管理サービス
  毒薬や向精神薬などの厳格な入出庫，履歴管理が必要な室温医薬品向けの管理サービスを提供する。
- 物流課題のある地域への品質管理サービス
  長時間の温度保持とIoTとの親和性の高い保冷ボックスにより，遠隔地などへ高品質医薬品供給サービスを提供する。
- 24時間365日安心駆け付けサービス
  災害時など有事における蓄電池とスタッフの駆け付けによるリスクマネジメントサービスを提供する。

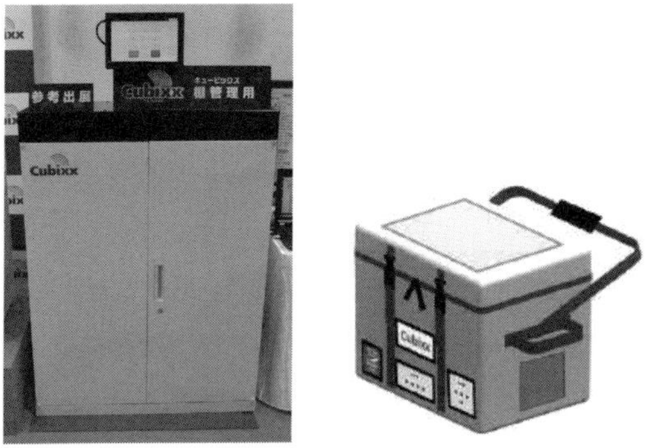

図10.5.3 応用例

《応用事例提供》 株式会社スズケン

10.6 医療分野におけるRFIDの活用

【システムの概要】 医療機器や医療材料の外装に貼付したUHF帯ICタグを読み取ることで，機器の状況を常時監視したり材料の消費をリアルタイムに検知したりするRFIDシステム。院内物流の効率化を可能にし，実際に機器保有台数や管理工数の削減効果をあげている。

【開発の背景】

- 院内物流の現状

  医療従事者が物流管理や院内物流といった「医療行為以外の労働」に多くの時間を取られていた。また，物品管理・院内物流のほとんどはバーコード，もしくは手入力での管理に依存しており，ヒューマンエラーも多く発生していた。

- 医療機関のニーズ

  医療従事者は医療行為に集中できる状態にしたい。また，物流を改善するために正確なデータを取得したい。

  ⇒ 解決策：RFIDを用いて，「正確な情報」を人が取りに行くのではなく，情報が「流れてくる仕組み」を構築する

【システムの特長】 システムの特長を**図10.6.1**に示す。また，ME機器管理システム運用例を**図10.6.2**に，手術材料管理システム運用例を**図10.6.3**に，それぞれ示す。

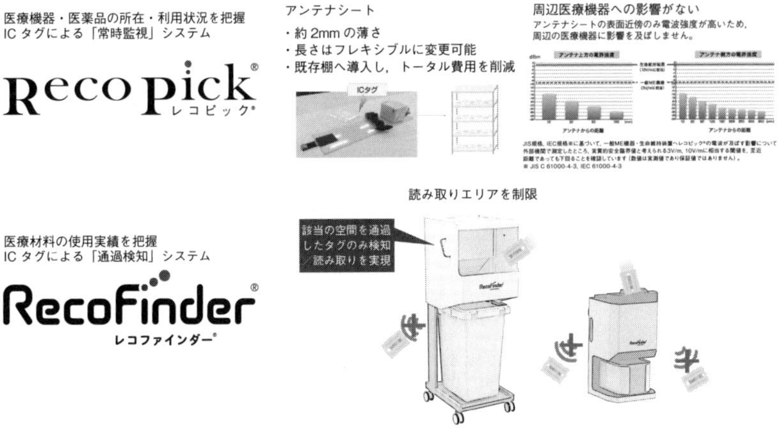

図10.6.1　システムの特長

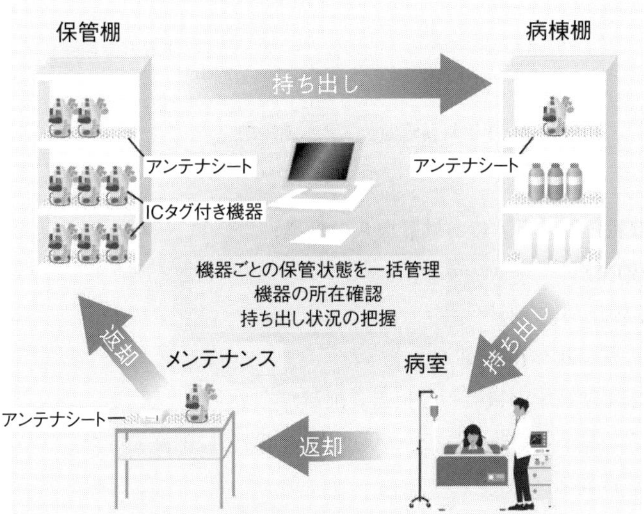

・適正台数の把握により，機器の余剰在庫を削減
・病棟スタッフが機器を探す工数を削減
・機器の管理精度向上

図10.6.2　ME機器管理システム運用例

第10章

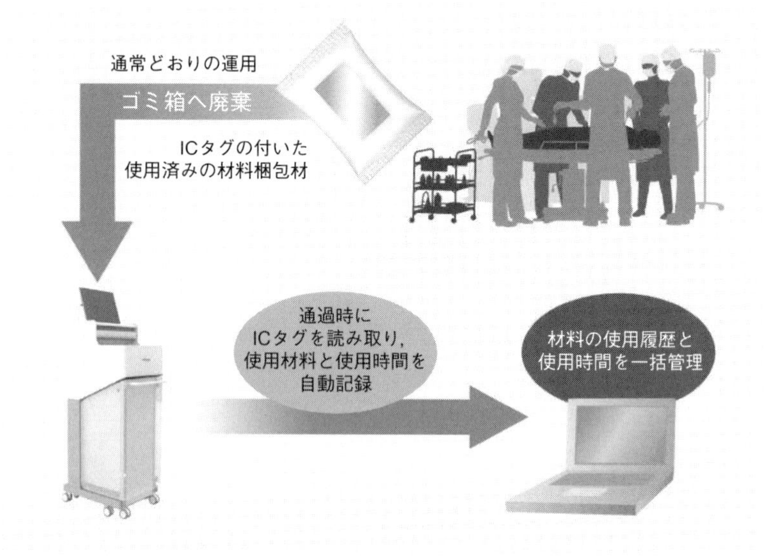

・医事算定にかかる人的工数の削減，保険請求漏れの抑制
・手術コスト把握により，経営改善の指標に

図10.6.3　手術材料管理システム運用例

【ME機器管理システムにおける導入の効果】

〈定量的効果〉

- 看護師の工数削減

  導入前に比べ**85％削減**となった。

- 臨床工学技士の機器管理担当者削減

  導入前は7名で担当していたが，導入後3名に削減できた。

- 機器台数削減効果

  130台の機器，定価ベースで約3000万円を削減できた。

〈定性的効果〉

- ME機器の管理精度向上や安全利用の促進につながっている
- 臨床工学技士が機器管理業務に割いていた時間を，手術室や新人育成などの業務にあてられるようになった

図10.6.4　ME機器管理

【導入例】

ME機器管理に始まり，現在では以下の活用を提案しており，導入実績も増えている。

- ME機器管理：聖路加国際病院，大阪大学医学部附属病院，京都大学医学部附属病院
- 人間ドック受診者管理：虎の門病院附属健康管理センター
- 手術材料管理：済生会滋賀県病院，東京医科歯科大学病院
- SPDカード管理：聖路加国際病院，医学研究所北野病院

《応用事例提供》帝人フロンティア株式会社（旧 帝人株式会社）

10.7 ヤマト運輸株式会社が提供する「手ぶらチェックインサービス」におけるRFIDの活用

【システムの概要】 2017年2月に札幌で開催されたアジア冬季競技大会において，ヤマト運輸とTOPPANエッジ（旧トッパンフォームズ）はICタグを活用した搭乗時の「手ぶらチェックインサービス」を提供した。選手の帰国が集中する大会終了後，選手村で選手の手荷物を預かり，空港で受け渡す。ICタグの一括読み取りなどを用いた管理により「手荷物受渡しのスムーズ化」「フライト遅延ゼロ」実現に大幅に貢献した。

【開発の背景】 大会の組織委員会は**図10.7.1**に示す課題を抱えていた。

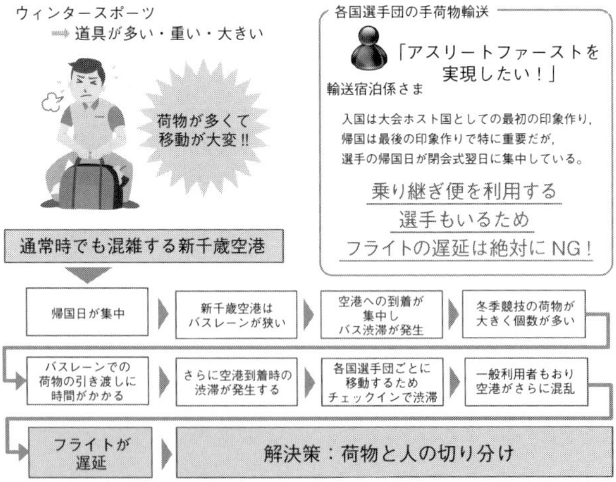

図10.7.1　組織委員会の抱える課題

【解決方法：1．荷物配送登録（選手村）】

① ADカード（資格認定カード）と荷受け情報の登録

ADカードのバーコードを読み込むと，事前に登録された情報（届け先・依頼主・帰国フライト）が荷受け管理システムに表示される。預入荷物の情報を登録する。

図10.7.2　ADカード（資格認定カード）と荷受け情報の登録

② ADカードへのICタグ貼り付け

ICタグ（IC書き込み済み，バーコード印字済み）をADカードの裏面に貼り付ける。

③ 送り状とICタグ付き荷札への貼り付け

ICタグ付き荷札（IC書き込み済み，バーコード印字済み）に配送伝票を貼り付ける。

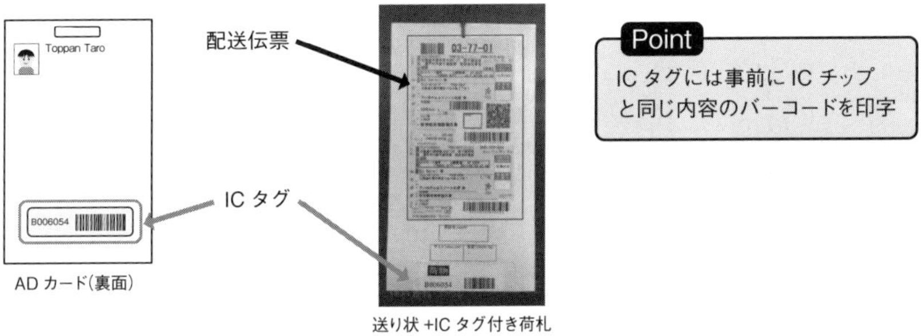

図10.7.3　送り状とICタグ付き荷札への貼り付け

④ 荷受け情報とIC情報の紐付け

ICタグ付き荷札を荷物に取り付ける。ADカード（表面・裏面ICタグ），送り状，ICタグ付き荷札のすべてのバーコードを読み取り，それぞれのナンバーを紐付けて登録する。

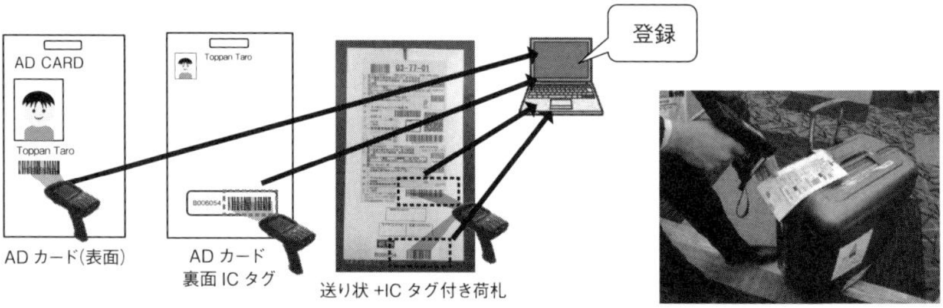

図10.7.4　荷受け情報とIC情報の紐付け

⑤ ストックセンター(空港)へ配送

登録が完了した荷物を，フライトや競技ごとに空港のストックセンターへ配送する。ストックセンター到着時に荷物のICタグ付き荷札を読み取り，到着したことを確認する。

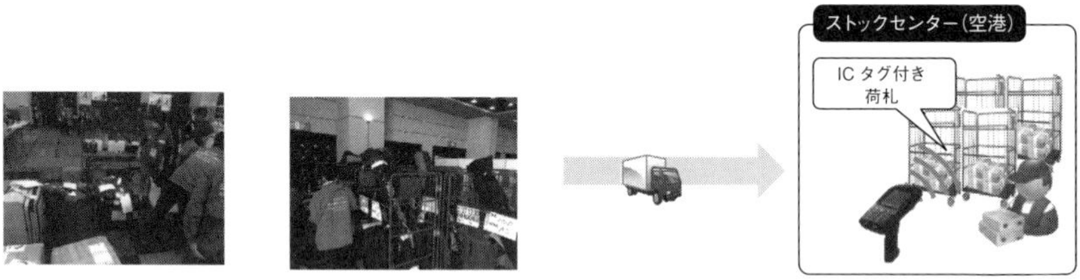

図10.7.5　ストックセンター（空港）へ配送

【解決方法:2. 荷物受け渡し(空港)】

① 選手到着

選手を乗せた専用バスが空港に到着すると，空港内移動中に選手のADカード（ICタグ）を読み取り，選手到着情報をストックセンターへ通知する。

② ストックセンターから荷物の受け渡し

選手到着情報をもとに荷物を受け渡す。同時に「選手到着情報」と「荷物受け渡し情報」を紐付けたデータを生成し，各航空会社に引き渡す。そのデータをもとに，航空会社では受託手荷物の手続きを行う。

ただし，データ受け渡しによる受託手荷物の手続きが不可の航空会社の場合は，空港で荷物を選手に受け渡し，各選手が受託手続きを行う。

図10.7.6　空港でのADカード読み取り

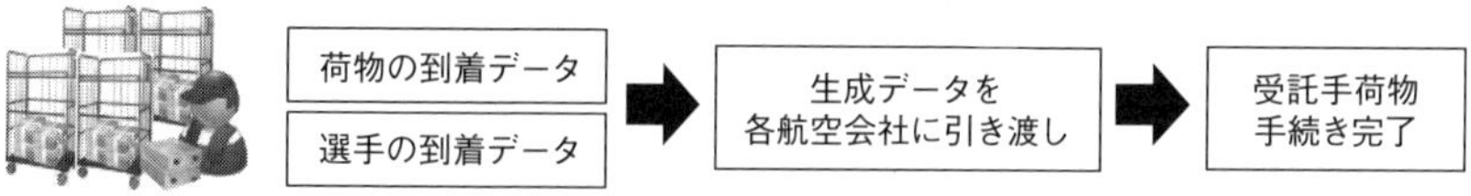

図10.7.7　ストックセンターから荷物の受け渡し

【導入の効果】

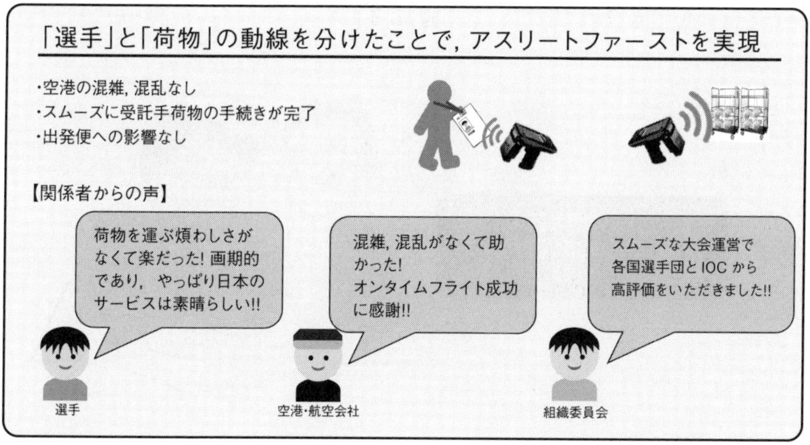

図10.7.8　導入の効果

《応用事例提供》TOPPANエッジ株式会社（旧 トッパン・フォームズ株式会社），ヤマト運輸株式会社

10.8 RFID検体情報統括管理システム「TRIPS」(Technomedica RFID Process control System)

【システムの概要】 電子カルテなどのデータをもとに，検査に必要な検体管理用RFIDラベルを発行し，採血管に貼付することで，医療機関内での検体管理品質を向上させるシステム。さらに，検体の誤廃棄，紛失，採取漏れといった医療事故やインシデントの防止にも貢献できる。

【開発の背景】 医療事故の防止・検査時間の短縮

毎日，数百～数千点の検体を取り扱う臨床検査業務においては，検体の紛失，採血患者の取り違えといった「医療事故・インシデント」の防止はもちろんのこと，使用済み採血管など医療廃棄物の誤廃棄や汚染物質の施設外流出による「環境汚染」も重要な課題である。また，高齢化社会が一層進み，今後ますます検査数増加が見込まれる中，より安全・安心な医療サービスの提供に加えて，検査時間の短縮も求められている（**図10.8.1**）。

図10.8.1　開発の背景

【システムの特長】 検体に特化したタグ，リーダを採用した専用システム（**図10.8.2**）

① 従来困難だった液体容器に対応

独自のアンテナ技術と専用読み取り装置により，従来のUHF帯RFIDでは困難であった液体容器に貼付したタグの安定した読み取りを実現した。

② 低コスト化

低価格化が進んでいるUHF帯RFIDを全面的に採用した。

③ 最大100本を同時読み取り

バーコードでは約5分かかっていた採血管100本の読み取り時間を約4秒に短縮した。

④ 専用のリーダにかざすだけ

バーコードと異なり，読み取り操作に技術的習熟を必要としないため，より正確なトレーサビリティを容易に実現できる。

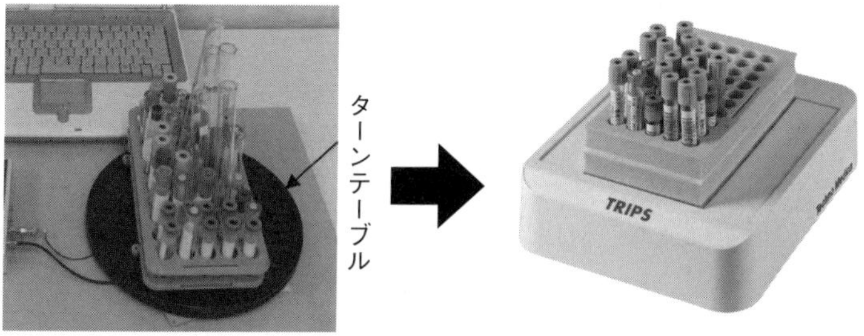

2010年の開発当初は，全体を回転させてRFIDタグを読み取っていた。

独自のアンテナ技術と専用読み取り装置により，置くだけで一括読み取りが可能になった。

図10.8.2　システムの特長

【システム運用イメージ】　システムの運用イメージを**図10.8.3**に示す。

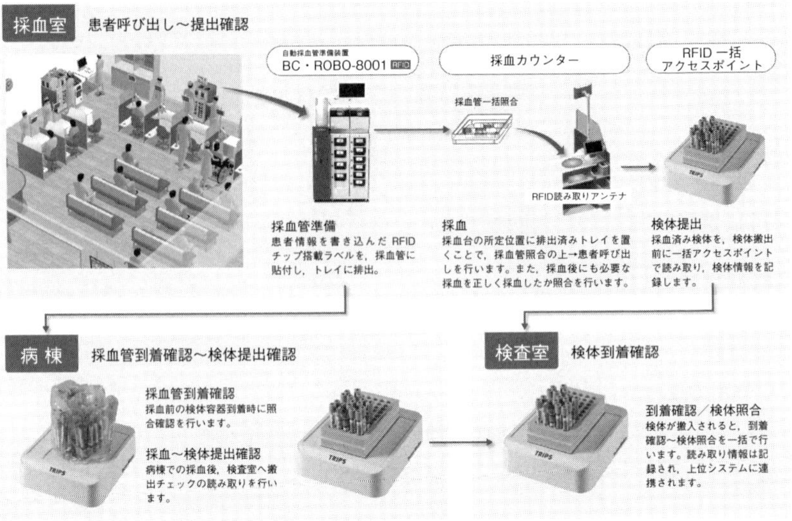

図10.8.3　システムの運用イメージ

【導入の効果（例）】

- 運用コストの削減

  RFIDの活用により，検体管理業務の運用管理費（人件費など）の削減が可能になる。

- 検査現場の負担を軽減

  読み取り時間の短縮により，例えば，外来患者550人（採血管4本/人）を使用する病院の場合，次のようになる（**図10.8.4**）。

  - バーコード利用時：　2 200本×3秒＝6,600秒　110分（1時間50分）
  - RFID利用時：　2 200本÷100本＝22ラック　22×4秒＝88秒（1分28秒）

  1日あたり約2時間，月・年で換算すると膨大な差異となり，医療従事者の業務負担を大幅に軽減できる。

- 検査スピードと品質の向上

  1本ずつ採血管のバーコードを読み取る従来の運用に比べて検査スピー

ドが向上するため，検査全体のTAT（Turn Around Time）を縮める
ことができ，本来の検査業務に集中できるようになる。検査待ち時間
の短縮など，患者サービス向上にもつながる。

- トレーサビリティの厳格化

個々の検体管理とトレーサビリティの厳格化により，検体の紛失，採
血患者の取り違えといった医療事故・インシデントの防止に寄与できる。
また，使用済み採血管など医療廃棄物の誤廃棄や汚染物質の施設外流
出による環境汚染の抑止にもつながる。

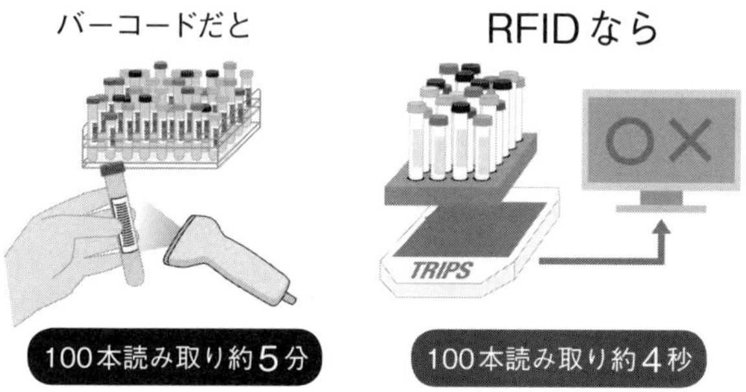

図10.8.4　導入の効果（例）

【今後の展望】 当社システムで獲得したUHF帯RFIDについての知見をベースに，医療機関における新たなRFID活用方法を検討中である。すでに「尿検体（採尿カップ）の提出確認」「点滴の際の3点照合（RFIDタグ付き輸液パック，リストバンド，医療従事者のIDカードの読み取り確認）」などは実現しており，今後は「病理検査分野等への拡張」「臨床検査機器内でのRFID活用法」「臨床検査センターでのRFID導入提案」などの実現に向けて検討を重ねている。

《応用事例提供》株式会社テクノメディカ，富士通フロンテック株式会社

10.9 PUF機能搭載RFIDを使った真贋判定サービスの導入

【システムの概要】　ポケッタブルスケールなどに採用されている真贋判定サービス「PUF認証サービス」。PUF（Physical Unclonable Function）認証とは，ICチップ製造時に意図せずに発生する微細な差異（ICチップの「指紋」ともいわれる）を利用する認証方式である（**図10.9.1**）。

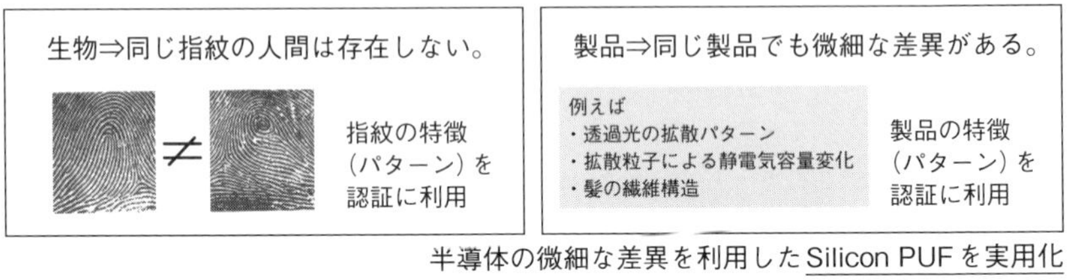

図10.9.1　PUF認証

本サービスで利用するRFID「SMARTICS-V」は，「ICチップ製造時に発生する意図しない微細な差異をパラメータ化し，認証する機能（PUF機能）」を持つRFIDで，偽変造が事実上不可能である。このため，ICチップの指紋ともいわれている。製品に添付した「SMARTICS-V」を，製品の購入者が 自分自身のNFC対応スマートフォンにインストールした「PUF認証用アプリケーション」で読み取ることで，インターネット経由で誰でも簡単かつ瞬時に真贋判定結果を得られる。

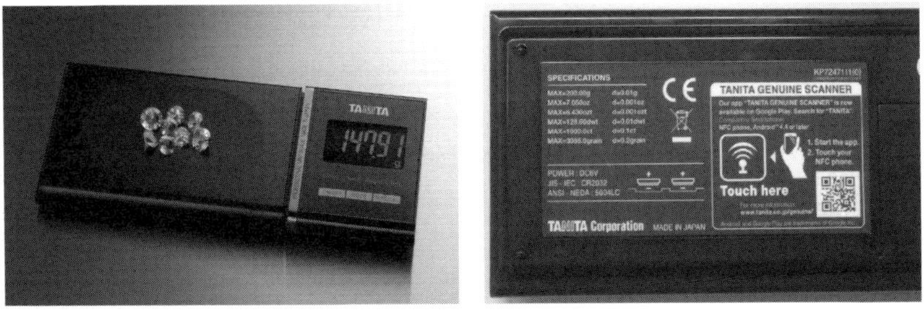

図10.9.2　システム構成

【開発の背景】 社会的課題：模倣品被害について

全世界で模倣品・海賊版の被害が大きく，その年間被害額は約177兆円にのぼると推計されていた（出典：経済産業省「政府模倣品・海賊版対策総合窓口年次報告書」2014年6月）。

- 遺失利益・ブランドイメージへの打撃・消費者保護など，模倣品による企業の被害
  ⇒ あらゆる産業にとっての共通課題となっている
- 周知徹底・「対策」の模倣・目視や専用機器による対策の限界など，模倣品対策の課題
  ⇒ 長年培ってきた印刷テクノロジーに加え「IDの生成，活用」「ICT環境の拡充」「NFC技術の進化」を背景に，PUF認証サービスを開発した

【システムの特長】

〈ICタグ 製品名「SMARTICS-V」〉

NFC対応ICチップ Silicon PUF技術を使用して認証を行う。

〈ICチップの特長〉

- 複雑な暗号回路を搭載する必要がなく安価に実現可能（セキュリティを保持しないRFIDとコストが同等）。
- 同じ回路構成を模倣しても物理的特長は模倣できず，事実上複製は不可能である。
- 暗号鍵を内部に持たせないため，暗号鍵の漏洩リスクがない。

〈認証システムの特長〉

- 消費者自身のスマートフォンを認証に利用でき，特殊な専用機器が不要である。
- インターネット経由で認証するため，全世界で利用できる（9か国語対応）。
- ICチップによるサーバ認証も実装しており，セキュリティがきわめて高い（相互認証）。

【認証フロー（簡略版）】

真贋判定の認証フローを**図10.9.3**に簡単に示す。

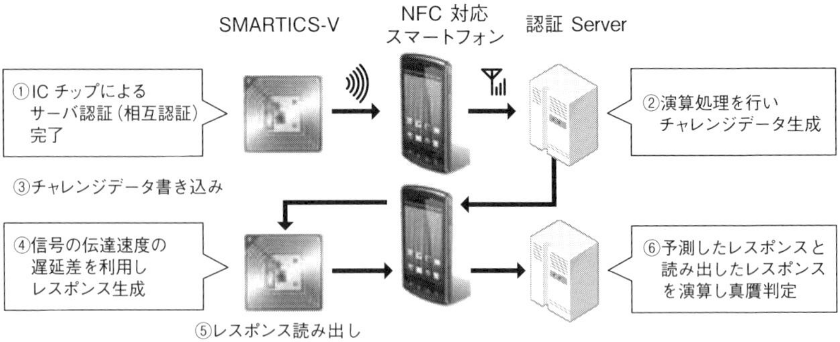

図10.9.3　**真贋判定の認証フロー（簡略版）**

また，製品の購入者は**図10.9.4**の認証手順で真贋判定を行うことができる。

図10.9.4　**認証手順**

【今後の展望】

- 購入者への**CRM**の実現

認証画面からユーザ登録メニュー，CRMメニューを表示できるようにする。サービスメニューの充実によりライフサイクル管理などのユーザビリティを向上し，認証画面から製品個別の情報配信を行うことで，追加情報を提供できる。

- 共通アプリ化
  導入企業が増え，複数企業で共通で使えるアプリを実現できれば，消費者の利便性，メーカの告知負荷の軽減など，模倣品対策効果を向上できる。
- 模造品対策を起点とした自動認識技術のより広範囲での活用
  模倣品対策を起点として，製品のライフサイクル全体をサポートする総合ソリューションの提供につなげる（**図10.9.5**）。

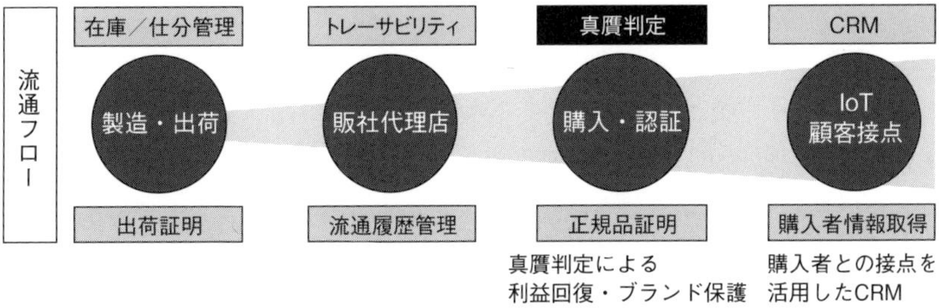

図10.9.5　模倣品対策を起点とした自動認識技術活用の広がり

《応用事例提供》TOPPANデジタル株式会社（旧 凸版印刷株式会社）

※文中の商号および製品・サービス名称は，各社の商標または登録商標です。

10.10　センサインターフェース付きパッシブ型RFIDを用いたコンクリート構造物診断システム

【システムの概要】　センサインターフェース付きパッシブ型RFIDと接続した各種センサ（ひずみセンサおよび腐食環境検知センサ）をコンクリート構造物に埋設し，構造物表面から与える電波によるRFIDから発生する起電力でセンサ情報を取得することで，構造物の健全性を無線で診断する非破壊検査システムである。簡単に構造物内部の定量的な情報が得られることに加え，パッシブ型であるため無電源で長期間利用できる。これからの社会インフラの点検技術として期待されている。

【開発の背景】　社会インフラの老朽化と点検技術の現状

2012年12月に起きた笹子トンネルの天井板崩落事故以来，社会インフラの老朽化問題が顕在化している。高度成長期に建設された多くの構造物は寿命期に近づいており，適切に健全性を把握するための診断技術の重要性がますます高まっている。現状のコンクリート診断技術は，目視検査や打音検査が主流であるため，点検者のスキルによって差が生じることや，内部の定量的な評価が困難といった課題がある。

本システムはそれらの課題の解決に併せ，きわめて簡単な作業で計測が実施できるため，診断作業の効率化も実現できる。

⇒ 構造物内部の状態を定量的に長期間，簡単に点検できる診断技術が求められる！

目視点検（ひび割れ幅の計測）　打音検査　内部の鉄筋腐食状態

図10.10.1　点検技術の現状

【システムの特長】 RFID構造物診断技術「WIMO®」の特長

- さまざまな変状の計測が可能

  ひずみ，温度，腐食環境など，構造物の劣化に影響を与えるさまざまな変状をとらえられる。

- ワイヤレス

  センサ，通信部をコンクリート構造物の内部に埋設して無線で計測できる。そのため，接続ケーブルの劣化の懸念がない。また，高所など計測困難な場所においても，ケーブルを延長すれば効率的な計測が行える。

- 電池レス

  パッシブ型RFIDを採用しており，センサの駆動電源はリーダライタから電波によって起電力を与えている。バッテリーなどの電源が不要なため，長期の維持管理に適している。

- 維持管理のトレーサビリティ

  RFIDの内蔵メモリに点検結果を記録しており，維持管理のトレーサビリティを実現している。

【システム構成】　システムを構成するセンサと適用イメージを**図10.10.2**に示す。

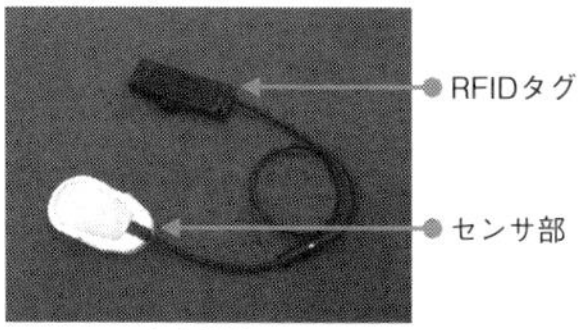

RFID腐食環境センサ

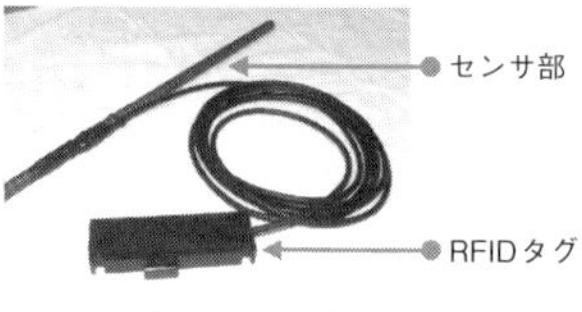

RFIDひずみセンサ

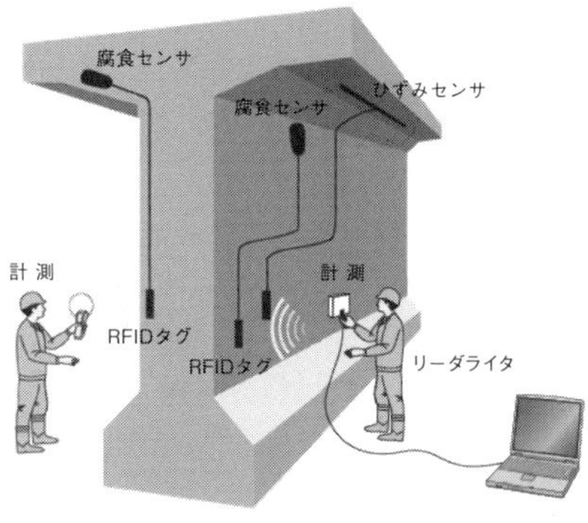

RFID 構造物診断システムの適用イメージ

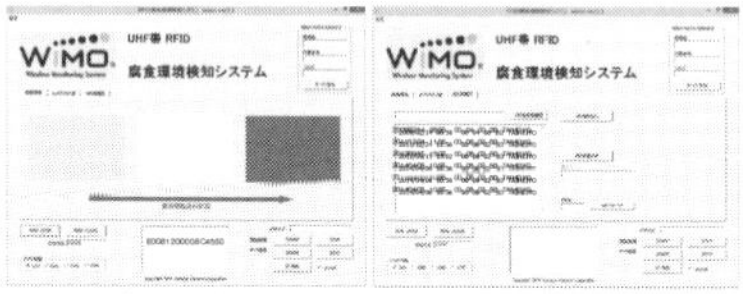

（計測画面）　（診断結果記録画面）

RFID 腐食環境検知システムの操作画面

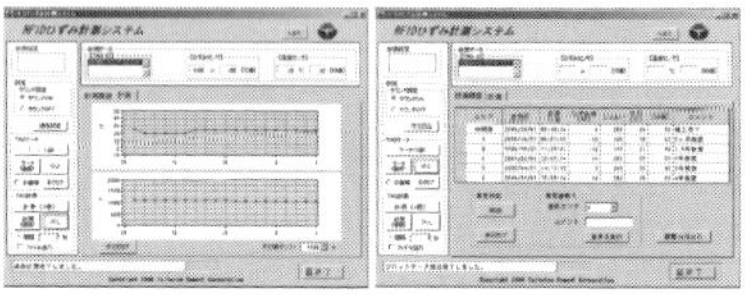

（計測画面）　（診断結果記録画面）

RFID ひずみ計測システムの操作画面

図10.10.2　**RFID構造物診断システムの適用イメージ**

【応用例】

橋梁やトンネルといった重要構造物のライフサイクルコストを低減するためには，建設時にセンサを設置して，予防保全を適切に実施することが重要である（**図10.10.3**）。

RFIDひずみセンサを設置した
トンネルと計測状況

RFIDタグの
設置状況

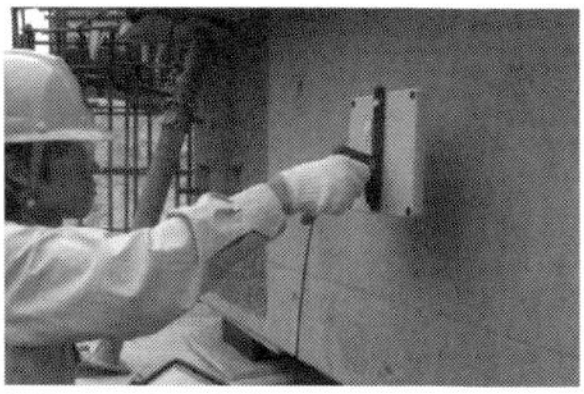

橋梁の計測状況

図10.10.3　**新設構造物への適用**

既設構造物へ適用する場合，構造物の補修の際に設置し，補修効果の確認や補修後の健全性判定を行う（**図10.10.4**）。

例えば，コンクリートの表面にひび割れなどの劣化現象が発生した際，補修や補強を行うことで引き続き使用できるようにするが，環境や使用条件によっては再び劣化が発生することも少なくない。補修箇所に本システムを設置することで，早期に劣化状況を確認することが可能となり，予防保全を実現できる。

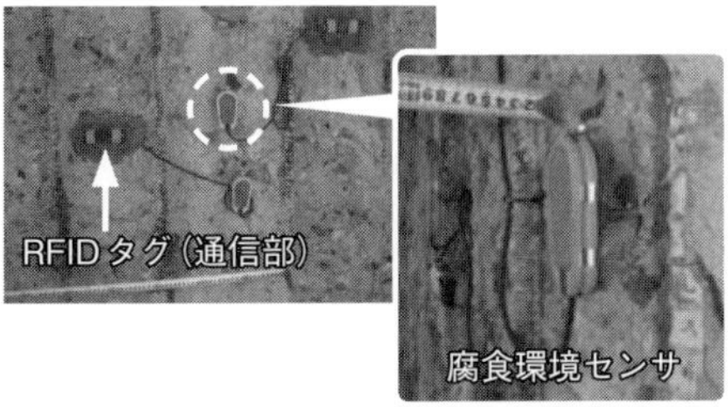

RFID腐食環境センサの設置状況

RFID腐食環境検知システムの適用構造物

埋設したRFID腐食環境センサの計測状況

図10.10.4　既設構造物への適用

【今後の展開】 RFID構造物診断システム「WIMO®」は，特別な技術や知識を必要とせず，簡単にコンクリート内部の状態を直接的に計測できる技術である。

今後，ひずみ，腐食以外のセンシングも含め，センサ付きパッシブ型RFIDの特長を活かしたラインナップを充実させる予定である。本システムが，劣化による変状をとらえるだけでなく，「健全」であることを簡単に証明できる技術として，ますます活用されていくことが期待できる。

《応用事例提供》　太平洋セメント株式会社

10.11 部品工場と組立工場間でのリライタブルRFタグシートの活用

【導入の背景】 電子部品・通信機器製造業者の部品工場と組立工場間では，以下の項目を目的に13.56MHzのリライタブルRFタグシートを「部品引取要求票」として導入した。

- 検品作業の高精度化と省力化
- 過剰な部品在庫の発生防止
- 製造工程管理の効率化

また，翌年にはUHF帯のRFタグを導入した。リライタブルRFタグシートは，RFタグとリライタブル表示機能により「デジタル情報の可視化」を実現している。RFタグ内には，部品記号，入出荷情報などを格納している。

【部品工場での運用フロー】 部品供給基地の工場での運用フローは，次のとおりである。

① 基幹システムとの連携で，製品組み立て工場からの製品要求情報に基づき，「部品引取要求票」を自動発行する。

② 発行された「部品引取要求票」に基づき，ピッキング・梱包した後，製品ケースにリライタブルRFタグシートを貼り付ける。

③ パレットに搭載したまま，ゲートでRFタグの一括読み取り（18アイテム）を行い，出荷情報を自動収集した後に出荷する。

【組立工場での運用フロー】 同工場は，これまで紙による要求票で運用しており，多品種少量生産による入出庫管理業務と増える一方の部品在庫が大きな課題であった。組み立て工場での運用フローは，次のとおりである。

① 製品入荷時にゲートで一括検品し，入荷予定情報とのマッチングを図る。

② 製造ラインにおいて部品を組み立てラインに投入する際に，「部品引取要求票」を外す。

③ 外した「部品引取要求票」をリーダライタで読み取る。

④ 読み取ると同時に部品工場に発注情報が送信され，部品工場のプリン

タでリライタブルRFタグシート「商品引取要求票」が発行される。

【導入の効果】 これら2工場でリライタブルRFタグシートの「部品引取要求票」を循環運用することにより，次の効果を得た。

- 作業効率の大幅な改善を実現
  一括読み取り検品により，検品精度が向上し，関連作業が効率的になった。
- 「部品引取要求票」により，給材・現品管理の効率化を実現
  部品供給を自動化したことで，管理精度が向上し，製品不要在庫を大幅に削減できた。
- リライタブルRFタグシートの再利用により，運用コストの低減と環境配慮を実現

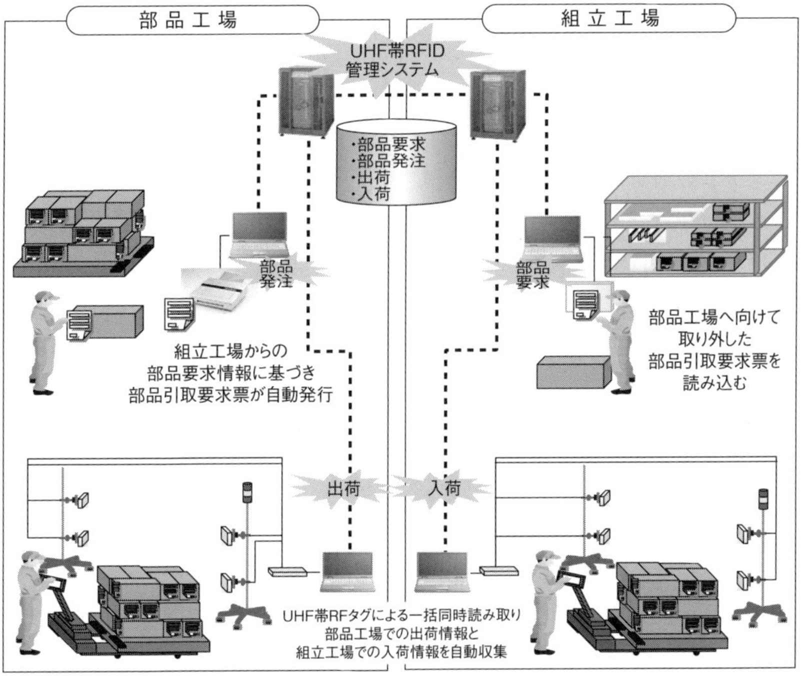

図10.11.1 組立工場～部品工場間の部品調達システム概要図

《応用事例提供》株式会社リコー

10.12 セル型生産ラインへのRFIDの適用

【導入の背景】　少量多品種の生産に対応する生産方式として，「セル型生産方式」というものがある。1人ないし数人の作業者が一つの製品を作り上げる「自己完結性の高い」生産方式であり，「作業者のモラルが向上する」「生産量の変動に柔軟に対応できる」などのメリットがある。反面，「生産効率が作業者のスキルに大きく左右される」「自律分散的に作業が進むため作業進捗管理が難しい」などの課題がある。

これらの課題の克服には，いつ，どの作業者が，どこで，どの部品を使用し，どのプリント基板を製造しているか，リアルタイムに正確に把握することが重要となる。それは，決して作業者の仕事を妨げてはならず，作業の流れの中で自動的にトレーシングされるべきである。

上記の実現には，RFIDの持つ通信性能（離れていても読み取れる），ふくそう制御機能（複数を一括で読み取れる），データ書き込み機能（履歴情報可）などが非常に有効である。実際にセル型生産ラインで活用されている事例を，本項で紹介する。

【システムの概要】「セル型生産方式」は「屋台生産方式」とも呼ばれ，文字どおり屋台のような作業台で，作業者が手作業でプリント基板に複数の部品を取り付ける（**図10.12.1**）。

作業台の下部には，リーダライタを内蔵した「作業管理ボックス」を設置する。作業者の前方には複数の部品箱，作業者の目線の先には作業指示図表示用のモニタ，端末がある。

作業者は，**図10.12.2**に示す「RFタグ付き作業指示書」を前述の作業管理ボックスに投入し，部品取り付け作業をスタートする。以前から，プリント基板の製作手順を記載した紙の作業指示書があり，同様の投入動作があったため，RFタグ導入による作業者の新たな追加作業はない。

作業管理ボックス内のリーダライタが，RFタグ付き作業指示書を検知すると，読み取った作業指示情報は無線LANを使用してセル型作業台にある作業指示図表示用端末に送信する。作業指示図表示用端末は，受信した情報をもとに，作業者への作業指示図（部品組み図）を表示する。作業者は，自動的に表示された作業指示図を見てプリント基板に部品を取り付けていくことで，間違いなく作業できる。

上記の処理と同時に，作業管理ボックスはRFタグ付き作業指示書の検知時刻と作業指示情報を，生産管理センターにある実績管理サーバマシンに送信する。これにより，工場内に複数あるセル型作業台の作業進捗状況を，生産管理センターで一括管理できるようになる。

すべての作業が終了すると，作業者は作業管理ボックスからRFタグ付き作業指示書を取り出す。取り出したことを作業管理ボックス内のリーダライタが検知すると，実績管理サーバマシンに作業完了時刻を送信する。これにより，生産管理センターでは作業にかかった時間の実績を正確に把握できる。

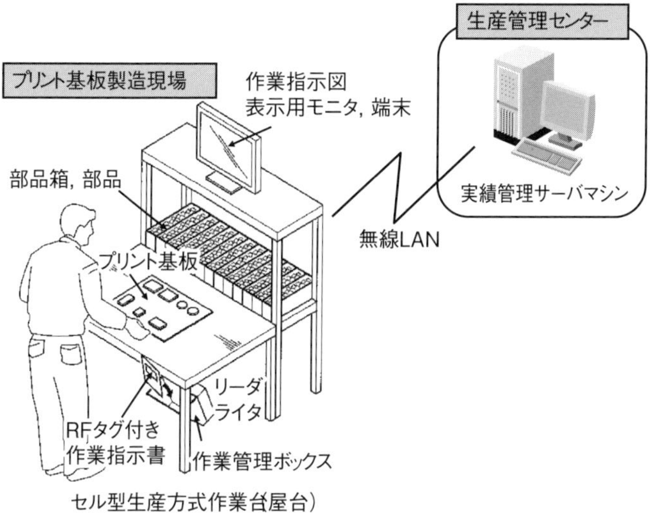

図10.12.1　システムの概要

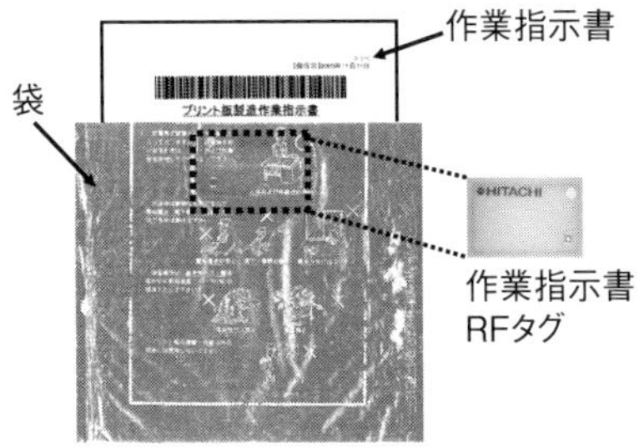

図10.12.2　RFタグ付き作業指示書

【導入の効果】　作業者がRFタグ付き作業指示書を作業管理ボックスに出し入れするだけで，リアルタイムにプリント基板の作業進捗が把握できる。また，モニタの作業指示図に従うことにより「作業者のスキルの差」を吸収し，作業の均一化，作業品質の向上や製品品質のばらつきの極小化を実現した。

《応用事例提供》株式会社日立製作所

10.13 物流トレーサビリティシステムへの応用

【導入の背景】 昨今のビジネスモデルでは，生活者や取引先からの信頼を得ることが，企業の成長につながるようになってきている。こうした中で，生鮮・加工食品，薬品，物流・流通といったあらゆる業界で，業務の効率化を目指した運行管理や品質を保証するための徹底した温度管理へのニーズが高まっている。しかし，ニーズが高まる一方で，かけられるコストについては限りがあり，低コストでの課題解決が望まれていた。

こうしたニーズに応えるため，温度・位置センサを内蔵したアクティブ方式RFタグによる物流トレーサビリティシステムを開発した。

【システムの概要】 本システムは，温度・位置センサ，PHSモジュールを搭載したアクティブ方式RFタグを用いた物流トレーサビリティシステムである。荷物にアクティブ方式RFタグを積載し，既存のPHS通信網を介して，荷物の位置および温度の情報を取得する仕組みである。

物流段階における拠点間での位置情報を把握することによる運行管理，温度センサで取得したデータをリアルタイムに把握することによる品質管理，流通時の出荷と着荷情報を蓄積することによるトレーサビリティを実現する。

取得した情報は，データサーバに蓄積するASP型を採用した。これにより，使用者は特別な設備投資をすることなく，物流トレーサビリティシステムを導入できる。

使用するRFタグのサイズは，幅135mm，高さ70mm，厚さ24mmであり，この大きさであれば，パレットなどに納品書とRFタグを積載しても荷物に紛れることがない。また電源には，一般に売られている単3型乾電池2本を使用する。こうすることで電源消耗を把握した際，現場レベルで対応が容易に可能となり，データ欠落を防ぐことができる。

【導入の効果】 荷物の位置情報や温度情報がASPサービスによってPC上で即座に検索できるため，問い合わせ業務の削減や情報収集時間の短縮を実現できる。また，コンテンツはデータセンターサーバにあるため，随時，機能追加やサーバメンテナンスを行うことが可能である。

管理者は，通常利用している事務用PC（WindowsとIE）で情報閲覧が可能である。使用者については，荷物出荷時（タグスタート時）にデータ登録を行えば，以降は自動的にデータが収集されるため，導入後も通常業務に変更はない。システムを導入しても，その後の運用段階でつまずくケースが見受けられるが，その原因の多くは，現場の作業負担が大きいことにあると考えられる。このような，RFタグを用いた現場に負担のないシステムであれば，煩雑なイメージのあるトレーサビリティの実現が可能となる。

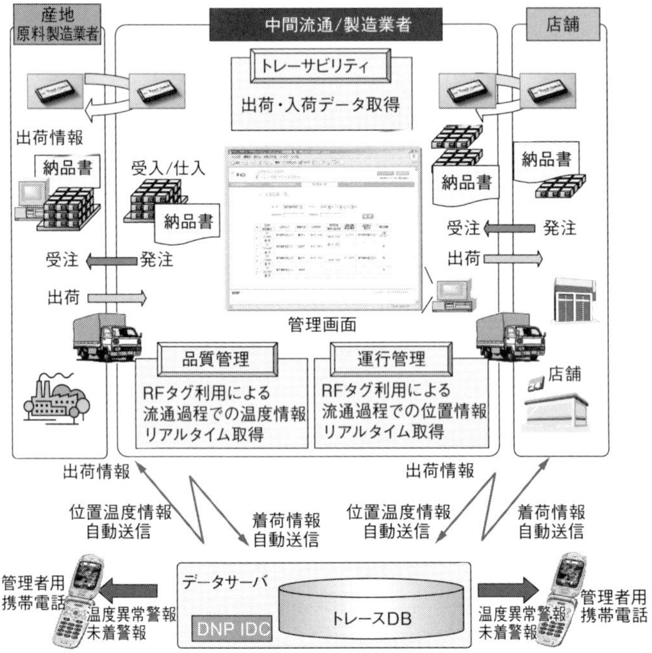

拠点間の輸送状況をデータ送信し，データセンターのサーバに蓄積。
管理画面への展開，異常発生時には警報メールの配信を自動的に行う。

図10.13.1　システム全体図

《応用事例提供》大日本印刷株式会社

10.14 RFIDを活用した患者投薬医療過誤防止システム

【導入の背景】 いくつかの医療現場において，患者を取り違える事故が発生し，医療過誤防止への取り組みが急務となっている。また，患者への情報の開示と説明責任が強く求められるようになったことで，医療スタッフの業務量が増え続け，効率的な業務改善を行ううえで自動認識技術による認証が必要となった。

最初は，バーコードによる認証を検討したが，RFIDは読み取り範囲が広く，扱いが容易であること，書き込みが可能という大きな利点があることから，RFIDを採用することとなった。しかし，ペースメーカなどの医療機器を装着している患者には，バーコードでの運用を行っている。

【システムの概要】 RFIDとバーコードが印字されたリストバンドを装着する入院患者への投薬（点滴）時に，医療スタッフがリーダライタを内蔵した携帯端末を利用し，オーダ確認ならびに処置内容を記録できる。また，それぞれにRFタグが付いた医療スタッフのネームラベル，患者のリストバンド，点滴パックをリーダライタで読み取ることで，投薬時の患者の取り違えを防止する。誰（医師）の指示で，誰（医療スタッフ）が，誰（入院患者）に，何（注射の種類）を，いつ行ったのか，という履歴をシステム的に管理することで，医療現場での過誤防止や看護師の業務および心的負担の軽減につながり，万が一，問題が発生した際に責任の所在を容易にできるシステムである。

【導入の効果】 読み取り認証にRFIDを採用したことで，医療スタッフの技量に左右されることなく容易に読み取りを行えるため，確実かつ効率的な過誤防止が可能になった。RFIDを利用したことの利点として，タグをリーダに注視させなくともよいことに加え，形状の変形しやすいソフトバッグなどの点滴もスピーディに読み取ることができ，認証操作における業務負荷を軽減している。

また，電子カルテシステムとオンライン連携を行うことで，RFIDへはID以外の個人情報の書き込みを行わずともリアルタイムに認証が可能となった。また，リスク管理を新しいメディアで行うことにより，外来患者，入院患者の信頼を得ることができた。

【現在の運用状況】 RFIDによる輸血認証システムの稼働により，輸血管理システムとの連携による患者＝製剤認証，有効期限の実施記録を行っている。また，外来化学療法センターの開設に伴い，RFIDを使用した診察券の利用により，投薬オーダの確認ならびに処置内容を記録することができ，取り違え防止も行っている。

今後は，管理・準備業務への応用として製剤への情報付与を行うことで，出荷からベッドサイドまでのトレーサビリティ確保による院内流通（物流）の管理を行い，さらなる安全，安心な医療を提供していく。

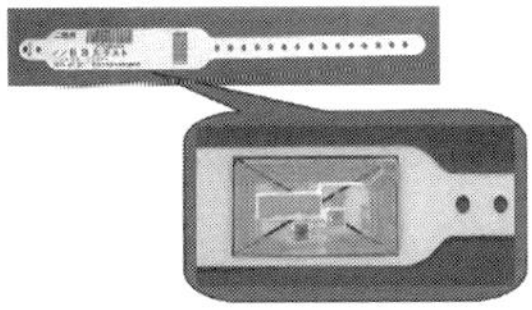

図10.14.1　株式会社サトー製リストバンド

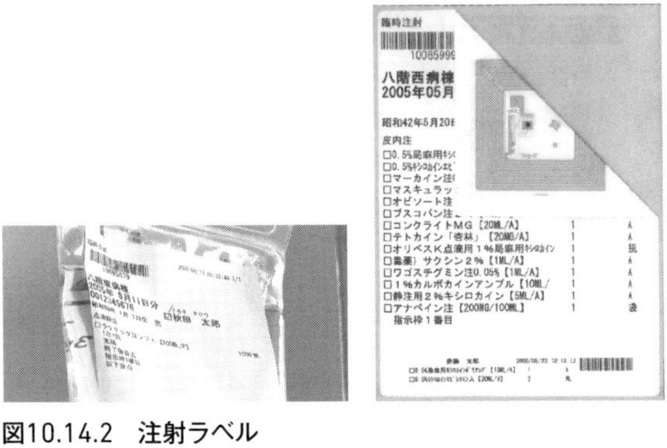

図10.14.2　注射ラベル

株式会社サトー製　スキャントロニクス　MR410e-RFID

図10.14.3　注射ラベル発行風景

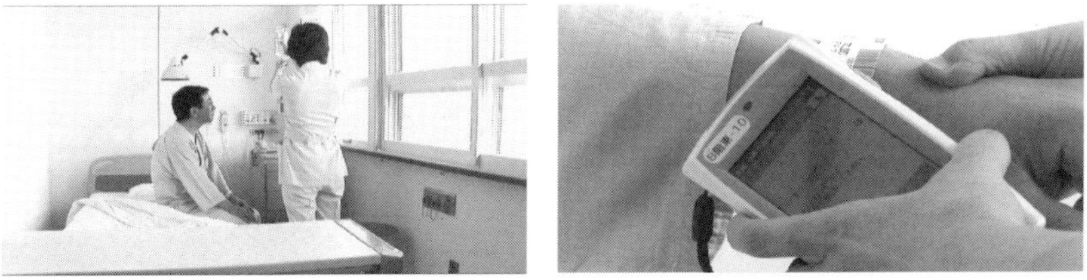

図10.14.4　運用イメージ

《応用事例提供》株式会社サトー

10.15 新生児・はいかい・無断離院検知システムへの応用

【導入の背景】 産婦人科における母子同室制の普及や分娩を担当する医師・スタッフの不足から，より高度なセキュリティが求められており，事故発生時の告訴リスクの増大も社会的背景となっている。

【システムの概要】 医療施設内で新生児の誘拐や患者の離棟・離院が発生したとき，危険をリアルタイムで通知するシステムである。通常の動線から外れる直近の廊下や階段など，通常は複数の検知エリアが設置され，RFタグを身に付けた利用者が通過すると場所が検知される。スタッフの日常の業務や利用者へのサービスを妨げずに新生児や患者を24時間見守り，利用者が施設から離れる前にスタッフが先回りすることができる。

通信距離が長く，読み取り機を施設内に設置しても美観を損ねない特徴を持つアクティブ方式RFタグを使用しているが，一般の常時発信式のアクティブ方式とは異なり，RFタグは磁界の中でのみ（1秒間に約20回）小刻みに間欠発信を行う。そのため，必要な場所でのみ正確に作動し，スタッフの動線が制限されることがない。RFタグは，防水かつ抗菌仕様で，新生児や患者が身に付けているリストバンドに通して使用する（充電は2か月ごと）。

RFタグ（使用周波数：300MHz帯）を休止モードから動作モードに切り換えるトリガーの役目をする磁界には，場所を表す信号が流れている（使用周波数：93kHz帯）。磁界に侵入したRFタグは，その「場所を表す」信号を受け取り，それぞれのタグが持つ固有のIDと併せて発信する。RFタグから発信される検知エリア（場所）とタグIDの情報は，時計を内蔵した受信機が認識し，「いつ・どこで・誰が」磁界に侵入したかをPCの画面に表示し，警報器を作動させる（ナースコールや監視カメラなど，他システム連動オプションもある）。

使用している電磁波は，健康や医療機器に悪影響を与えないので，安心して導入できる。磁界を作るコイルは，施設内の天井や床に設置するので，ペースメーカとの距離が構造的にも最大限確保され，安全を大きく見込める。またRFタグの出力は，携帯電話の10万分の1程度（数十ナノワット）の著しく微弱な電波であり，平常時は休止してその微弱電波さえ発信しないので，利用者に不安感を与えることもない。

【導入の効果】 医療機関は，平常時には利用者から快適さを要求されるが，ひとたび事故が起きると，今日ではその責任を厳しく追及される。本システムは，医療機関の信用を守るリスクマネジメントに有効であるだけでなく，多忙を極めるスタッフは肉体的・精神的な負担を軽減し，利用者はプライバシーを妨げられることなく安心して施設を利用できる。また，医療機関のイメージアップ効果や犯罪の抑止効果も期待されている。

【導入の実績】 大学病院などで実証実験を行い，論文も発表されている。一方，総合病院や産婦人科では実際にシステムが稼働しており，防犯訓練にも利用されている。

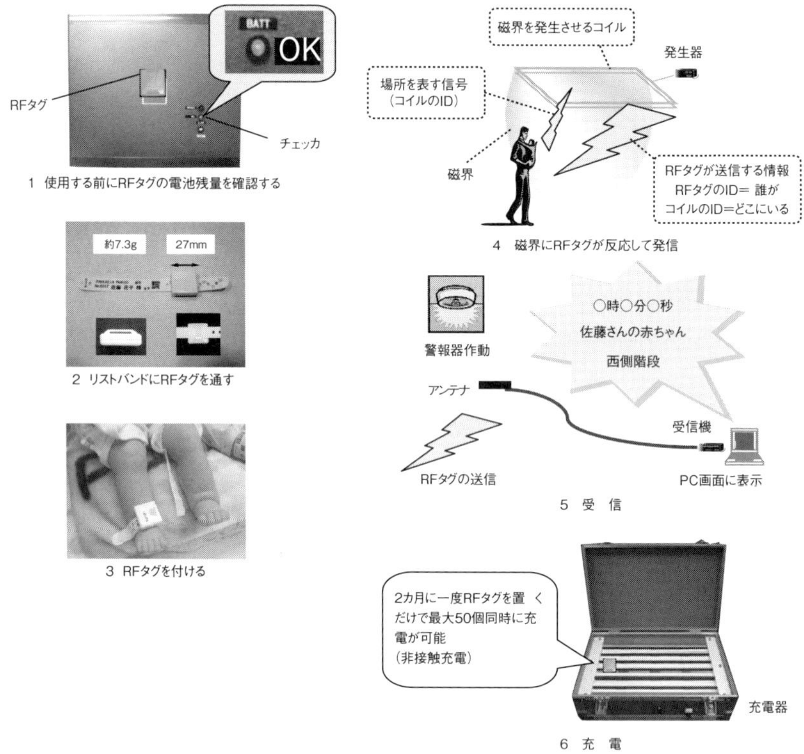

図10.15.1　運用手順（新生児に使用する例）

《応用事例提供》株式会社マトリックス

RFID機器運用ガイドライン

2018年6月

一般社団法人 日本自動認識システム協会

第Ⅰ章　一般環境下で使用されるRFID機器

1．制定の目的と経緯

1．1　制定の目的

（一社）日本自動認識システム協会（JAISA）では，設計・製造業者及び専門業者（2．対象者参照）に対し，医療機器等（植込み型心臓ペースメーカ及び植込み型除細動器）への影響に関する対応策をわかりやすく，かつ具体的に説明するためにゲートタイプRFID機器，及びその他のRFID機器についての本運用ガイドラインを制定する。

1．2　制定の経緯

2003年に，一般社団法人電波産業会（ARIB）が総務省の委託を請け，「電波の医用機器等への影響に関する調査研究会」を設置し，RFID機器等から発射される電波が医療機器等に及ぼす影響に関する調査研究活動がスタートした。

調査研究活動の中で，対象となるRFID機器は下記の4種類に分類し，順次調査研究を進めることとした。

2006年に実施された950MHz帯RFID機器から発射される電波が医療機器等に及ぼす影響に関する調査研究で，高出力据置きタイプに限り，100cmの離隔距離が必要であることが判明し，種類Cのハートマークを貼付することで明示することになった。

2012年7月から920MHz帯RFID機器の導入が開始されたが，植込み型医療機器との影響調査が実施されていないこともあり，950MHz帯RFID機器高出力据置きタイプに準じ，業界の約束（自主規制）としてハートマークの貼付を行った。

2015年度には，920MHz帯RFID機器に関する調査研究が行われ，従来の950MHzより短い離隔距離であることが確認されたため，本ガイドラインに関しても改定を実施し，ハートマークの自主規制を解除した。

2018年4月1日から，950MHz帯RFIDは制度終了に伴い，使用禁止となったため，ハートマークに関して本ガイドラインからも全面削除を行った。

① ゲートタイプ：人が通過する際に，一つ以上のアンテナを使用してRFタグの情

報を読み取る機種のこと。

② ハンディタイプ：形状に関係なく取扱者がリーダライタを手に持って操作を行う機種のこと。パソコンスロットやPDA等のハンディ端末に挿入して機能するカードタイプの機器も含む。

③ 据置きタイプ：基本的にリーダライタを頻繁に移動することなく使用する機種のこと。ただし，ゲートタイプは除く。

④ モジュールタイプ：データ書き込み機やプリンタ等に内蔵されて機能する機器組込型RFID機種のこと。

図1　ゲートタイプ

図2　ハンディタイプ

図3　据置きタイプ

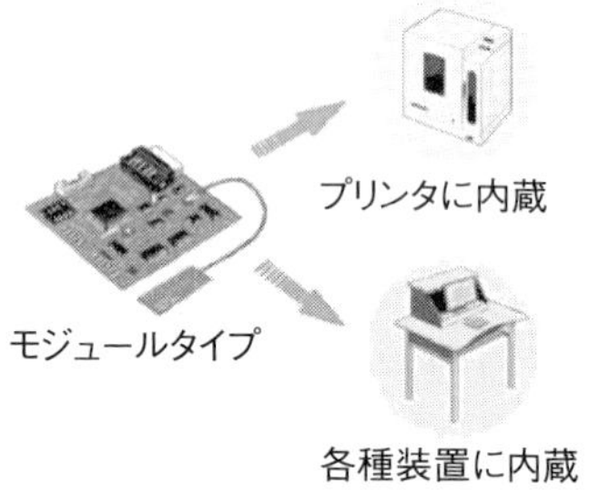

図4　モジュールタイプ

最初に，電波の医療機器等への影響については，2004年6月に総務省から「電波の医用機器等への影響に関する調査研究報告書（2004年3月）」[1]が公表され，RFID機器のうちゲートタイプとハンディタイプの2機種について，試験結果，分析，及び影響発生防止のための対応策が発表された。これに対応して，2004年11月に運用ガイドラインを制定した。

次に，2004年度には残る2機種，据置きタイプとモジュールタイプについての調査がなされ，2005年8月に総務省から「電波の医用機器等への影響に関する調査研究報告書（2005年3月）」〔2〕が公表された。そこで，先の運用ガイドラインを更新することとした。

その後，法律の改正で「医用機器」という名称は，「医療機器」に変更になった。本書では変更前の既発行済みの報告書等の名称は「医用機器」として残し，それ以外の箇所は「医療機器」とする。ここでいう医用機器及び医療機器とは，植込み型心臓ペースメーカ及び植込み型除細動器のことを示している。

2007年4月，総務省は「各種電波利用機器の電波が植込み型医療機器へ及ぼす影響を防止するための指針」〔4〕を一部改定した。この指針の中で，UHF帯高出力の据置きタイプのRFID機器に関してのみ，現状と異なった方針が出されたので，本運用ガイドラインに追加した。

2012年7月から，UHF帯に従来の950MHz帯RFID機器に加えて，920MHz帯RFID機器が加えられた。業界自主規制として920MHz帯RFID機器（高出力据置きタイプ）にもハートマークを貼付することとし，本運用ガイドラインを改訂した。なお，950MHz帯RFID機器は，2018年4月1日から，法律により使用禁止となった。

2015年度，総務省は920MHz帯RFID機器の植込み型医療機器へ及ぼす影響を調査し，その報告書〔6〕を公開した。920MHz帯RFID機器は，950MHz帯RFID機器に比較して短い必要離隔距離であることが確認されたので，業界自主規制を解除するとともに本運用ガイドラインを改訂し，該当部分を参考資料（第Ⅱ章）に移動した。2018年4月1日，制度的に950MHz帯RFIDは使用できなくなったため，第Ⅱ章のハートマークを全面的に削除した。

2. 対象者

本運用ガイドラインでは，RFID機器の設計・製造を行う「設計・製造業者」と，RFID機器の販売・施工・運用・保守を行う「専門業者」を対象とする。

3. 基本的考え方

設計・製造業者と専門業者は，自主管理に基づいて本運用ガイドラインの運用責任を負う。

設計・製造業者は本運用ガイドラインが実施されるよう，専門業者を指導する。

4. RFID機器への明示

4. 1　取扱説明書等

医療機器への影響の可能性を周知徹底することを目的として，設計・製造業者，及び設計・製造業者の周知を受けた専門業者は，以下の例に示す主旨の注意書きを取扱説明書又は納入仕様書等に記載するものとする。

取扱説明書等の例（ゲートタイプRFID機器の場合）

本装置（又は本ユニット）は電波を使用したゲートタイプRFID機器であり，使用する用途・場所によっては，医療機器に影響を与える恐れがあります。

この影響を少なくするために，運用に際して以下のことを厳守されることをお願いします。

1. 植込み型医療機器装着者は，ゲートタイプRFID機器が設置されている場所及びRFIDステッカが貼付されている場所では，立ち止まらずに通路の中央を真っ直ぐに通過すること。
2. 植込み型医療機器装着者は，ゲートタイプRFID機器の周囲に留まらず，また寄り掛かったりしないこと。
3. 植込み型医療機器装着者は，体調に何らかの変化があると感じられる場合は，担当医師に相談すること。

（注）対応策は総務省指針[3]を基に作成

取扱説明書等の例（その他のRFID機器の場合）

本装置（又は本ユニット）は電波を使用したRFID機器のリーダライタです。そのため使用する用途・場所によっては，医療機器に影響を与える恐れがあります。

この影響を少なくするために，運用に際して以下のことを厳守されることをお願いします。

1. ハンディタイプRFID機器操作者に対する対応策を以下のとおりとする。
   ハンディタイプRFID機器操作者は，ハンディタイプRFID機器のアンテナ部を植込み型医療機器の装着部位より22cm以内に近づけないこと。
2. 据置きタイプ，及びモジュールタイプ（プリンタタイプを含む）RFID機器の植込み型医療機器装着者への対応策を以下のとおりとする。
   植込み型医療機器装着者は，装着部位を据置きタイプ，モジュールタイプ（プリンタタイプを含む）のRFID機器のアンテナ部より22cm以内に近づかないこと。

（注）対応策は総務省指針[3]を基に作成

4．2　カタログ，パンフレット，ホームページ

設計・製造業者，及び専門業者は，RFID機器のカタログ，パンフレットまたはホームページ等に，取扱説明書等と同主旨の注意書き，及び後述の現品表示内容について記述することが望ましい。

4．3　現品表示

専門業者は，植込み型医療機器装着者への明示を目的として，ゲートタイプRFID機器とその他のRFID機器の本体外部からよく見える位置に図5のような表示をすること（ステッカの貼付または下げ札等への表示）。

ステッカの仕様は表1とする。ただし，RFID機器の実装形態や物理的大きさ等で表示できないときは，同一内容を記載したステッカを周辺に表示する等で代替可とする。

種類A　　種類B

図5　現品表示の例

表1　ステッカ仕様

現品表示	適用機種	寸法	色
種類A	ゲートタイプのRFID機器	直径60mm	ベタ部分DIC143　帯の赤 DIC159（100～アミ）帯の黄色 DIC167（100～アミ）RFIDのフチとJAISAの文字 DIC256相当（C100%＋M100%） JAISAの丸と線（100～アミ）
種類B	その他のRFID機器	判読可能なこと	単色（墨あるいは紺が望ましい）。 ただし，反転使用も可能とする。 現行銘板ラベルと併記可能。

5．専門業者への周知

設計・製造業者は専門業者へ総務省の指針〔3〕〔4〕〔5〕，及び本運用ガイドラインの内容を周知する。

6. 情報伝達

設計・製造業者，及び専門業者と（一社）日本自動認識システム協会はRFID機器の安全性，及び信頼性向上のために相互に情報伝達を行う。伝達対象となる情報には運用中の問題点も含む。

7. 改訂

本運用ガイドラインは，新技術やRFID機器の利用方法の拡大等に伴い，随時内容の改訂を行う。

8. 責任

RFID機器の設置・運用に関し，設計・製造業者，及び専門業者と第三者との間に紛争が生じた場合には，あくまで当事者間で解決を図る事とし，（一社）日本自動認識システム協会は当該紛争に関し，一切責任を負わないものとする。

第Ⅱ章　参考資料　管理区域専用RFID機器

1. 制定の経緯と目的

管理区域専用RFID機器とは工場内での生産工程管理や倉庫内での物品の入出庫管理など，一般人が入ることのできない管理された閉区域内だけで使用される機器を指す。
なお，管理区域専用RFID機器が植込み型医療機器へ及ぼす影響については，総務省の公表した報告書[2]に参考資料として記載されている。

2. 対象者

本参考資料では，RFID機器の設計・製造を行う「設計・製造業者」と，RFID機器の販売・施工・運用・保守を行う「専門業者」を対象とする。

3. 基本的考え方

設計・製造業者は，RFID機器の仕様，使用方法及び想定される運用形態に基づいて，管理区域専用RFID機器，および950MHz帯RFID機器（高出力据置きタイプ）を特定する。

また，設計・製造業者と，専門業者は，自主管理に基づいて本参考資料の運用責任を負う。

設計・製造業者は本参考資料が実施されるよう，専門業者を指導する。

4. RFID機器への明示

4. 1　取扱説明書等

医療機器への影響の可能性を周知徹底することを目的として，設計・製造業者，及び設計・製造業者の周知を受けた専門業者は，以下の例に示す主旨の注意書きを取扱説明書または納入仕様書に記載するものとする。

取扱説明書等の例（管理区域専用RFID機器の場合）

本装置（または本ユニット）は管理された閉区域内だけで使用される管理区域専用RFID機器であり，使用する用途・場所によっては，医用機器に影響を与える恐れがあります。

そこで，運用に際して以下のことを厳守されることをお願いします。

管理区域専用RFID機器が一般環境に流出し使用されないよう管理すること。

（注）対応策は総務省指針〔3〕を基に作成

4. 2　カタログ，パンフレット，ホームページ

設計・製造業者，及び専門業者は，RFID機器のカタログ，パンフレットまたはホームページ等に，取扱説明書等と同主旨の注意書き，及び後述の現品表示内容について記述することが望ましい。

4. 3　現品表示

専門業者は管理区域専用RFID機器の存在明示を目的として，管理区域専用RFID機器の本体外部からよく見える位置に図6，種類Dの表示をすること（ステッカの貼付または下げ札等への表示）。

ステッカの仕様は表2とする。ただし，RFID機器の実装形態や物理的大きさ等で表示できないときは，同一内容を記載したステッカを周辺に表示する等で代替可とする。

種類D

図6　現品表示の例

表2　管理区域専用RFID機器ステッカ仕様

現品表示	適用機種	寸法	色
種類D	管理区域専用RFID機器	判読可能なこと	二色（DIC125黄色地に黒）。 銘板ラベルとの併記可能。

5. 専門業者への周知

設計・製造業者は専門業者へ総務省の指針〔3〕〔4〕〔5〕，及び本参考資料の内容を周知し，また両者は，管理区域専用RFID機器が一般環境に流出し使用されないよう管理する。

6. 情報伝達

設計・製造業者，及び専門業者と（一社）日本自動認識システム協会はRFID機器の安全性，及び信頼性向上のために相互に情報伝達を行う。伝達の対象となる情報には運用中の問題点も含む。

7. 改訂

本参考資料は，新技術やRFID機器の利用方法の拡大等に伴い，随時内容の改訂を行う。

8. 責任

RFID機器の設置・運用に関し，設計・製造業者，及び専門業者と第三者との間に紛争が生じた場合には，あくまで当事者間で解決を図ることとし，（一社）日本自動認識システム協会は当該紛争に関し，一切責任を負わないものとする。

以上

引用文献および参考文献一覧

引用文献

〔1〕電波の医用機器等への影響に関する調査研究報告書
2004年3月，総務省

〔2〕電波の医用機器等への影響に関する調査研究報告書
2005年3月，総務省

〔3〕各種電波利用機器の電波が植込み型医用機器へ及ぼす影響を防止するための指針
2005年8月，総務省

〔4〕各種電波利用機器の電波が植込み型医療機器へ及ぼす影響を防止するための指針
2007年4月，総務省

〔5〕各種電波利用機器の電波が植込み型医療機器へ及ぼす影響を防止するための指針
2008年5月，総務省

〔6〕電波の医療機器等への影響に関する調査研究報告書
2016年3月，総務省

〔7〕絵とき無線ICタグ 広がるRFIDの世界，2004年10月，オーム社

参考文献

・JIS X 0500　2002年

・「13.56MHz 運用ガイドライン」2003年7月，（一社）日本自動認識システム協会

・心臓ペーシング1996；5：488－497

・Irnich W, de Bakker JMT and Bisping H－J：Electromagnetic interference in implantable pacemakers. PACE1978；1：52－61

規格一覧表

❶ ISO/IEC JTC1 SC31

(1) ISO/IEC JTC1 SC31

ISO/IEC 19762 Information technology – Automatic identification and data capture (AIDC) techniques – Harmonized vocabulary

(2) ISO/IEC JTC1 SC31 WG2

下記の規格名称は"Information technology – Automatic identification and data capture (AIDC) techniques – "を省略している。

ISO/IEC15418 GS1 Application Identifiers and ASC MH10 Data Identifiers and maintenance
ISO/IEC15424 Data Carrier Identifiers (including Symbology Identifiers)
ISO/IEC15434 Syntax for high-capacity ADC media

下記の規格名称は"Information technology – Automatic identification and data capture techniques – Unique identification – "を省略している。

ISO/IEC15459-1 Part1：Individual transport units
ISO/IEC15459-2 Part2：Registration procedure
ISO/IEC15459-3 Part3：Common rules
ISO/IEC15459-4 Part4：Individual products and product packages
ISO/IEC15459-5 Part5：Individual returnable transport items (RTIs)
ISO/IEC15459-6 Part6：Groupings

ISO/IEC 29161 Information technology – Data structure – Unique identification for the Internet of Things
ISO/IEC TR 29162 Information technology – Guidelines for using data structures in AIDC media

(3) ISO/IEC JTC1 SC31 WG4

下記の規格名称は"Information technology – Data protocol for radio frequency identification (RFID) for item management – "を省略している。

ISO/IEC 15961-1 Part 1：Application interface
ISO/IEC 15961-2 Part 2：Registration of RFID data constructs
ISO/IEC 15961-3 Part 3：RFID data constructs
ISO/IEC 15961-4 Part 4：Application interface commands for battery assist and sensor functionality
ISO/IEC 15962 Data protocol：data encoding rules and logical memory functions

下記の規格名称は"Information technology – Radio frequency identification for item management – "を省略している。

ISO/IEC 15963-1 Part 1：Unique identification for RF tags numbering systems
ISO/IEC 15963-2 Part 2：Unique identification for RF tags registration procedures
ISO/IEC 18000-2 Part 2：Parameters for air interface communications below 135 kHz
ISO/IEC 18000-3 Part 3：Parameters for air interface communications at 13.56 MHz
ISO/IEC 18000-4 Part 4：Parameters for air interface communications at 2.45 GHz
ISO/IEC 18000-6 Part 6：Parameters for air interface communications at 860 MHz to 960 MHz General
ISO/IEC 18000-61 Part 61：Parameters for air interface communications at 860 MHz to 960 MHz Type A
ISO/IEC 18000-62 Part 62：Parameters for air interface communications at 860 MHz to 960 MHz Type B
ISO/IEC 18000-63 Part 63：Parameters for air interface communications at 860 MHz to 960 MHz Type C
ISO/IEC 18000-64 Part 64：Parameters for air interface communications at 860 MHz to 960 MHz Type D
ISO/IEC 18000-7 Part 7：Parameters for active air interface communications at 433 MHz
ISO/IEC TR 18001 Application requirements profiles
ISO/IEC TR 20017 Electromagnetic interference impact of ISO/IEC 18000 interrogator emitters on implantable pacemakers and implantable cardioverter defibrillators

ISO/IEC 22243 Methods for localization of RFID tags
ISO/IEC 23200-1 Part 1：Interference rejection performance test method between a tag as defined in ISO/IEC 18000-63 and a heterogeneous wireless system
ISO/IEC 23200-2 Part 2：Interference rejection performance test method between an Interrogator as defined in ISO/IEC 18000-63 and a heterogeneous wireless system
ISO/IEC 29143 Air interface specification for Mobile RFID interrogators
ISO/IEC 29160 RFID Emblem

下記の規格名称は"Information technology − Radio frequency identification for item management − Implementation guidelines − "を省略している。
ISO/IEC TR 24729-1 Part 1：RFID-enabled labels and packaging supporting ISO/IEC 18000-6C
ISO/IEC TR 24729-2 Part 2：Recycling and RFID tags
ISO/IEC TR 24729-3 Part 3：Implementation and operation of UHF RFID Interrogator systems in logistics applications
ISO/IEC TR 24729-4 Part 4：Tag data security

下記の規格名称は"Information technology − Radio frequency identification device performance test methods − "を省略している。
ISO/IEC 18046-1 Part 1：Test methods for system performance
ISO/IEC 18046-2 Part 2：Test methods for interrogator performance
ISO/IEC 18046-3 Part 3：Test methods for tag performance
ISO/IEC 18046-4 Part 4：Test methods for performance of RFID gates in libraries
ISO/IEC 21277 Crypto suite

下記の規格名称は"Information technology − Radio frequency identification device conformance test methods − "を省略している。
ISO/IEC 18047-2 Part 2：Test methods for air interface communications below 135 kHz
ISO/IEC 18047-3 Part 3：Test methods for air interface communications at 13.56 MHz
ISO/IEC TR 18047-4 Part 4：Test methods for air interface communications at 2.45 GHz
ISO/IEC 18047-6 Part 6：Test methods for air interface communications at 860 MHz to 960 MHz
ISO/IEC TR 18047-7 Part 7：Test methods for active air interface communications at 433 MHz
ISO/IEC 18047-63 Part 63：Test methods for air interface communications at 860 MHz to 960 MHz

ISO/IEC 18305 Information technology − Real time locating systems − Test and evaluation of localization and tracking systems

下記の規格名称は"Information technology − Conformance test methods for security service crypto suites − "を省略している。
ISO/IEC 19823-10 Part 10：Crypto suite AES-128
ISO/IEC 19823-11 Part 11：Crypto suite PRESENT-80
ISO/IEC 19823-13 Part 13：Cryptographic Suite Grain-128A
ISO/IEC 19823-16 Part 16：Crypto suite ECDSA-ECDH security services for air interface communications
ISO/IEC 19823-19 Part 19：Crypto suite RAMON
ISO/IEC 19823-21 Part 21：Crypto suite SIMON
ISO/IEC 19823-22 Part 22：Crypto suite SPECK

下記の規格名称は"Information technology − Smart transducer interface for sensors and actuators − "を省略している。
ISO/IEC/IEEE 21450 Common functions, communication protocols, and Transducer Electronic Data Sheet（TEDS）formats
ISO/IEC/IEEE 21451-1 Part 1：Network Capable Application Processor（NCAP）information model
ISO/IEC/IEEE 21451-2 Part 2：Transducer to microprocessor communication protocols and Transducer Electronic Data Sheet（TEDS）formats
ISO/IEC/IEEE 21451-4 Part 4：Mixed-mode communication protocols and Transducer Electronic Data Sheet（TEDS）formats
ISO/IEC/IEEE 21451-7 Part 7：Transducer to radio frequency identification（RFID）systems communication protocols and Transducer Electronic Data Sheet（TEDS）formats

下記の規格名称は“Information technology − Real-time locating systems（RTLS）−”を省略している。
ISO/IEC 24730-1 Part 1：Application programming interface（API）
ISO/IEC 24730-2 Part 2：Direct Sequence Spread Spectrum（DSSS）2.4 GHz air interface protocol
ISO/IEC 24730-5 Part 5：Chirp spread spectrum（CSS）at 2.4 GHz air interface
ISO/IEC 24730-21 Part 21：Direct Sequence Spread Spectrum（DSSS）2.4 GHz air interface protocol：Transmitters operating with a single spread code and employing a DBPSK data encoding and BPSK spreading scheme
ISO/IEC 24730-22 Part 22：Direct Sequence Spread Spectrum（DSSS）2.4 GHz air interface protocol：Transmitters operating with multiple spread codes and employing a QPSK data encoding and Walsh offset QPSK（WOQPSK）spreading scheme
ISO/IEC 24730-61 Part 61：Low rate pulse repetition frequency Ultra Wide Band（UWB）air interface
ISO/IEC 24730-62 Part 62：High rate pulse repetition frequency Ultra Wide Band（UWB）air interface

下記の規格名称は“Information technology − Real-time locating system（RTLS）device performance test methods −”を省略している。
ISO/IEC 24770 Test methods for air interface communication at 2.4 GHz
ISO/IEC 24770-5 Part 5：Test methods for chirp spread spectrum（CSS）air interface
ISO/IEC 24770-61 Part 61：Low rate pulse repetition frequency Ultra Wide Band（UWB）air interface
ISO/IEC 24770-62 Part 62：High rate pulse repetition frequency Ultra Wide Band（UWB）air interface

下記の規格名称は“Information technology − Radio frequency identification for item management − Software system infrastructure −”を省略している。
ISO/IEC 24791-1 Part 1：Architecture
ISO/IEC 24791-2 Part 2：Data management
ISO/IEC 24791-3 Part 3：Device management
ISO/IEC 24791-5 Part 5：Device interface

下記の規格名称は“Information technology − Automatic identification and data capture techniques −”を省略している。
ISO/IEC 29167-1 Part 1：Security services for RFID air interfaces
ISO/IEC 29167-10 Part 10：Crypto suite AES-128 security services for air interface communications
ISO/IEC 29167-11 Part 11：Crypto suite PRESENT-80 security services for air interface communications
ISO/IEC 29167-13 Part 13：Crypto suite Grain-128A security services for air interface communications
ISO/IEC 29167-14 Part 14：Crypto suite AES OFB security services for air interface communications
ISO/IEC 29167-15 Part 15：Crypto suite XOR security services for air interface communications
ISO/IEC 29167-16 Part 16：Crypto suite ECDSA-ECDH security services for air interface communications
ISO/IEC 29167-17 Part 17：Crypto suite cryptoGPS security services for air interface communications
ISO/IEC 29167-19 Part 19：Crypto suite RAMON security services for air interface communications
ISO/IEC 29167-21 Part 21：Crypto suite SIMON security services for air interface communications
ISO/IEC 29167-22 Part 22：Crypto suite SPECK security services for air interface communications

(4) ISO/IEC JTC1 SC31 WG8

下記の規格名称は“Information technology − Automatic identification and data capture techniques −”を省略している。
ISO/IEC17360 Supply chain applications of RFID − Product tagging, product packaging, transport units, returnable transport units and returnable packaging items

下記の規格名称は“Information technology − Digital representation of product information −”を省略している。
ISO/IEC 22603-1 Part 1：General requirements
ISO/IEC 22603-2 Part 2：Requirements for electronic devices with integral display

❷ ISO TC23 SC19

下記の規格名称は“Radio frequency identification of animals −”を省略している。
ISO 11784 Code structure
ISO 11785 Technical concept
ISO 14223-1 Advanced transponders − Part 1：Air interface

ISO 14223-2 Advanced transponders – Part 2：Code and command structure
ISO 14223-3 Advanced transponders – Part 3：Applications
ISO 15639-1 Standardization of injection sites for different animal species – Part 1：Companion animals (cats and dogs)
ISO 15639-2 Standardization of injection sites for different animal species – Part 2：Equine (horses, donkeys and zebras)
ISO 24631-1 Part 1：Evaluation of conformance of RFID transponders with ISO 11784 and ISO 11785 (including granting and use of a manufacturer code)
ISO 24631-2 Part 2：Evaluation of conformance of RFID transceivers with ISO 11784 and ISO 11785
ISO 24631-3 Part 3：Evaluation of performance of RFID transponders conforming with ISO 11784 and ISO 11785
ISO 24631-4 Part 4：Evaluation of performance of RFID transceivers conforming with ISO 11784 and ISO 11785
ISO 24631-5 Part 5：Procedure for testing the capability of RFID transceivers of reading ISO 11784 and ISO 11785 transponders
ISO 24631-6 Part 6：Representation of animal identification information (visual display/data transfer)
ISO 24631-7 Part 7：Synchronization of ISO 11785 identification systems

❸ ISO TC31 WG10

ISO 20909 Radio frequency identification (RFID) tyre tags
ISO 20910 Coding for radio frequency identification (RFID) tyre tags
ISO 20911 Radio frequency identification (RFID) tyre tags – Tyre attachment classification
ISO 20912 Conformance test methods for RFID enabled tyres

❹ ISO TC68 SC2

ISO 9564-1 Banking – Personal Identification Number (PIN) management and security – Part1：Basic principles and requirements for online PIN handling in ATM and POS systems
ISO 9564-2 Banking – Personal Identification Number (PIN) management and security – Part2：Approved algorithms for PIN encipherment

❺ ISO TC104 SC4

ISO 6346 Freight containers – Coding, identification and marking
ISO 10374 Freight containers – Automatic identification
ISO/TS 10891 Freight containers – Radio frequency identification (RFID) – Licence plate tag
ISO 17363 Supply chain Applications of RFID – Freight containers
ISO 18185-1 Freight containers – Electronic seals – Part1：Communication protocol
ISO 18185-2 Freight containers – Electronic seals – Part2：Application requirement
ISO 18185-3 Freight containers – Electronic seals – Part3：Environmental characteristics
ISO 18185-4 Freight containers – Electronic seals – Part4：Data protection
ISO 18185-5 Freight containers – Electronic seals – Part5：Physical layer
ISO 18186 Freight containers – RFID cargo shipment tag system

❻ ISO TC122

ISO 15394 Packaging – Bar code and two-dimensional symbols for shipping, transport and receiving labels
ISO 22742 Packaging – Linear bar code and two-dimensional symbols for product packaging
ISO 28219 Packaging – Labelling and direct product marking with linear bar code and two-dimensional symbols

❼ ISO TC204

ISO 14815 Road transport and traffic telematics – Automatic vehicle and equipment identification – System specifications
ISO 14816 Road transport and traffic telematics – Automatic vehicle and equipment identification – Numbering and data structure

ISO 14906 Electronic fee collection – Application interface definition for dedicated short-range communication

❽ 日本産業規格（当該標準化団体は一般財団法人 日本規格協会）

JIS X 0500 自動認識及びデータ取得技術－用語
JIS X 0515 出荷・輸送及び荷受け用ラベルのための一次元シンボル及び二次元シンボル
JIS X 0516 製品包装用1次元シンボル及び2次元シンボル
JIS X 0530 データキャリア識別子（シンボル体系識別子を含む）
JIS X 0531 情報技術－自動認識及びデータ取得技術－GS1アプリケーション識別子及びASC MH10データ識別子並びにその管理
JIS X 0532-1 情報技術－自動認識及びデータ取得技術－ユニーク識別－第1部：個々の輸送単位
JIS X 0532-2 情報技術－自動認識及びデータ取得技術－ユニーク識別－第2部：登録手順
JIS X 0532-3 情報技術－自動認識及びデータ取得技術－ユニーク識別－第3部：共通規則
JIS X 0532-4 情報技術－自動認識及びデータ取得技術－ユニーク識別－第4部：個々の製品及び包装物
JIS X 0532-5 情報技術－自動認識及びデータ取得技術－ユニーク識別－第5部：個々の繰返し利用輸送機材
JIS X 0532-6 情報技術－自動認識及びデータ取得技術－ユニーク識別－第6部：集合品
JIS X 5603 開放型システム間相互接続の抽象構文記法1（ASN.1）仕様
JIS X 6351-2 物品管理用RFID－第2部：135KHz未満のエアインタフェース通信パラメタ
JIS X 6351-3 物品管理用RFID－第2部：13.56MHzのエアインタフェース通信パラメタ
JIS X 6351-4 物品管理用RFID－第2部：2.45GHzのエアインタフェース通信パラメタ
JIS X 6352 情報技術－物品管理用RFID－RFIDエンブレム
JIS Z 0663 RFIDのサプライチェーンへの適用－貨物コンテナ
JIS Z 0664 RFIDのサプライチェーンへの適用－リターナブル輸送器材（RTI）及びリターナブル包装器材（RPI）
JIS Z 0665 RFIDのサプライチェーンへの適用－輸送単位
JIS Z 0666 RFIDのサプライチェーンへの適用－製品包装
JIS Z 0667 RFIDのサプライチェーンへの適用－製品タグ付け

❾ 電波規格（当該標準化団体は一般社団法人 電波産業会）

RCR STD-1 構内無線局 2.4GHz帯移動体識別用無線設備
RCR STD-29 特定小電力無線局 2.4GHz帯移動体識別用無線設備
RCR STD-33 小電力データ通信システム／ワイヤレスLANシステム
RCR STD-38 電波防護
ARIB STD-T55 有料道路自動料金収受システム
ARIB STD-T60 ワイヤレスカードシステム
ARIB STD-T66 第二世代小電力データ通信システム／ワイヤレスLANシステム
ARIB STD-T75 挟域通信（DSRC）システム
ARIB STD-T81 特定小電力無線局 周波数ホッピング方式を用いる2.4GHz帯移動体識別用無線設備
ARIB STD-T82 誘導式読み書き通信設備（ワイヤレスカードシステム等）
ARIB STD-T92 特定小電力無線局433MHz帯国際輸送用データ伝送用無線設備
ARIB STD-T106 構内無線局 陸上移動局920MHz帯移動体識別用無線設備
ARIB STD-T107 特定小電力無線局920MHz帯移動体識別用無線設備
ARIB STD-T108 920MHz帯テレメータ用，テレコントロール用及びデータ伝送用無線設備

一般社団法人
日本自動認識システム協会の沿革

1986年8月	任意団体エーアイエムジャパン（国際自動認識工業会）を設立
1987年11月	第1回SCAN-TECH JAPAN展示会を科学技術館にて開催
1988年11月	第2回SCAN-TECH JAPAN展示会を平和島東京流通センターに移し，規模を拡大して開催
1993年3月	会報「えいむ」を創刊
1996年9月	SCAN-TECH JAPAN展示会の会場を東京ビッグサイトに移し，規模をさらに拡大して開催
1997年11月	当協会の提案により，二次元シンボル「QRコード」のISO化を実現
1999年2月	任意団体エーアイエムジャパンを発展的に解散し，社団法人日本自動認識システム協会を設立　当初会員108社
1999年9月	SCAN-TECH JAPAN展示会を「自動認識総合展」に変更し，第1回を東京ビッグサイトにて開催するとともに「自動認識システム大賞」を創設
2000年12月	協会事務所をAIOS五反田ビルより港区六本木に移転
2003年2月	「バーコード＆RFID システムフェアー大阪」をマイドームおおさかにて開催
2003年4月	協会内に研究開発センターを設置
2004年1月	英文名称AIM JAPANよりJAISA（Japan Automatic Identification Systems Association）に変更
2004年4月	「第1回自動認識総合展 大阪」を開催
2004年1月	会報誌の名称を「えいむ」より「JAISA」に変更
2004年10月	第1回自動認識基本技術者資格認定試験を実施
2004年11月	東京・大阪以外の地方で初めて「福岡自動認識セミナー＆展示会」を開催
2005年8月	仙台で「東北自動認識セミナー」を開催
2005年12月	協会事務所をオー・エヌ・オー六本木より千代田区岩本町に移転
2006年3月	第1回バーコード専門技術者資格認定試験を実施
2006年5月	第1回名古屋自動認識展＆セミナーを開催
2006年7月	BSCをJAISAへ編入
2006年10月	第1回RFID専門技術者資格認定試験を実施
2007年7月	当協会の提案により，「ダイレクトパーツマーキングガイドライン」のISO TR化を実現

2008年6月	China RFID Industry Alliance（C-RFID-A）およびKorea Association of RFID/USN convergence（KARUS）と覚書を締結
2008年8月	自動認識技術の最新情報誌「JAISA NOW（設立10周年版）」を発行
2009年1月	JAISA設立10周年記念特別講演・賀詞交歓会を開催
2010年5月	「リライタブルハイブリッドメディア」品質仕様が国際標準化（ISO/IEC 29133）
2010年7月	National IT Industry Promotion Agency RFID/USN Center（RUC）と覚書を締結
2011年4月	社団法人から一般社団法人へ移行
2011年5月	サプライチェーン用RFID規格ISO 1736Xシリーズの規格改訂事業を実施
2011年12月	「RFID機器が植込み型医療機器に及ぼす影響の評価試験方法に関する標準化」ISO化実現（ISO/IEC TR20017）
2012年2月	GS1データバーのJIS化を実現（JIS X 0509）
2012年5月	サプライチェーンにおける完成車物流の可視化手法に関する標準化提案を実施
2013年5月	UHF帯RFID周波数移行（920MHz帯）に伴う電波関連調査研究を実施
2014年5月	金属製RTI（リターナブル物流器材）管理用RFID要件等の調査を実施
2015年2月	データマトリックスのJIS化を実現（JIS X 0512）
2016年5月	創立30周年記念祝賀会開催
2017年1月	RFIDのサプライチェーンへの適用　5規格のJIS化を実現（JIS Z 0663～0667）
2018年3月	バーコードプリンタ及びバーコードリーダの性能評価仕様のJIS化を実現（JIS X 0527）
2019年4月	自動認識市場拡大を目的に，新プロジェクト〈未来のAUTO-ID〉が発足
2019年9月	自動認識展において企画展示「自動認識で変わる未来」を実施
2020年12月	第18回自動認識総合展（大阪）を東京五輪・パラリンピックの開催に伴い日程を変更して開催，未来のAUTO-IDプロジェクトが企画展示「SDGsを支える自動認識」を実施
2021年2月	第22回自動認識総合展（東京）をコロナ禍の影響で開催を中止
2021年10月	第23回自動認識総合展（東京）を開催
2022年9月	第24回自動認識総合展にて，未来のAUTO-IDによる大学生の展示会見学「AUTO-ID MeetUP」を実施
2023年8月	小学生を対象に，バーコードとICタグを体験しよう「AUTO-ID MeetUP for JUNIOR」を実施
2023年9月	第24回自動認識総合展にて「第4回AUTO-ID MeetUP」を実施

索　引

あ行

か行

さ行

た 行

な 行

は 行

ま行

や行

ら行

わ行

数字・アルファベット

〈編者紹介〉
一般社団法人 日本自動認識システム協会
自動認識システム等に関する調査研究，規格の立案および標準化の推進，普及および啓発等を行うことにより，物流，流通等のシステムの効率化および高度化の推進を目的とする．

［所在地］〒101-0032　東京都千代田区岩本町 1-9-5　FK ビル 7 階
電話 03-5825-6651，FAX 03-5825-6653
URL https://www.jaisa.or.jp/

- 本書の内容に関する質問は，オーム社ホームページの「サポート」から，「お問合せ」の「書籍に関するお問合せ」をご参照いただくか，または書状にてオーム社編集局宛にお願いします。お受けできる質問は本書で紹介した内容に限らせていただきます。なお，電話での質問にはお答えできませんので，あらかじめご了承ください。
- 万一，落丁・乱丁の場合は，送料当社負担でお取替えいたします。当社販売課宛にお送りください。
- 本書の一部の複写複製を希望される場合は，本書扉裏を参照してください。

JCOPY ＜出版者著作権管理機構 委託出版物＞

よくわかる RFID（改訂 3 版）
—電子タグのすべて—

2008 年 8 月 10 日　第 1 版第 1 刷発行
2014 年 6 月 20 日　改訂 2 版第 1 刷発行
2024 年 4 月 22 日　改訂 3 版第 1 刷発行

編　者　一般社団法人 日本自動認識システム協会
発行者　村上和夫
発行所　株式会社 オーム社
郵便番号　101-8460
東京都千代田区神田錦町 3-1
電話　03(3233)0641(代表)
URL　https://www.ohmsha.co.jp/

© 一般社団法人 日本自動認識システム協会 *2024*

組版　BUCH⁺　　印刷・製本　三美印刷
ISBN978-4-274-23185-8　Printed in Japan

本書の感想募集　https://www.ohmsha.co.jp/kansou/
本書をお読みになった感想を上記サイトまでお寄せください。
お寄せいただいた方には，抽選でプレゼントを差し上げます。

関連書籍のご案内

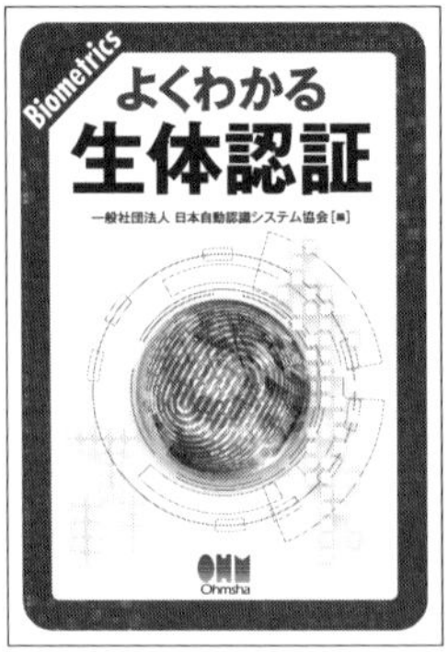

よくわかる生体認証

一般社団法人 日本自動認識システム協会［編］

A5判・280頁・定価（本体2500円【税別】）

生体認証（バイオメトリクス）は，大きな成長産業として，多方面で注目されており，近年はスマートフォンにも導入され，ますます普及が進んでいる。
本書は，このような状況に鑑み，技術的内容だけでなく，多くの読者（メーカ，ユーザ）の理解を深めるための実務的な内容構成としている。特に，基礎知識はていねいでわかりやすい内容とし，応用事例や，普及に伴い関心の高まっているプライバシーの問題についても豊富な例をあげて解説している。

【主要目次】 バイオメトリック技術と本人認証 / 生体認証技術 / 生体認証モデル / データおよびプログラムインタフェース / 認証精度とその測定方法 / 生体認証技術の標準化 / セキュリティとプライバシー / 応用事例 / 市場の動向 / 用語および関係サイト

よくわかるバーコード・二次元シンボル（改訂２版）

一般社団法人 日本自動認識システム協会［編］

A5判・260頁・定価（本体2500円【税別】）

自動認識技術で最もよく用いられているのは，バーコード，すなわち一次元シンボルおよび二次元シンボルである。
本書は，一次元シンボルおよび二次元シンボルの種類・特徴，バーコードプリンタ，バーコードリーダなどの周辺機器，さらにダイレクトマーキング，バーコード印字品質，検証器など，バーコードに関連する技術のすべてを網羅・収録している。
専門技術者はもちろん，初級技術者にも理解できるよう平易に解説している。

【主要目次】 バーコードとは / 一次元シンボル体系 / 二次元シンボル体系 / バーコードプリンタ / バーコードリーダ / 一次元シンボル体系Ⅱ / 二次元シンボル体系Ⅱ / バーコードプリンタⅡ / 印字品質評価および検証器 / バーコードリーダⅡ / バーコード応用事例

もっと詳しい情報をお届けできます。
◎書店に商品がない場合または直接ご注文の場合も右記宛にご連絡ください。

ホームページ https://www.ohmsha.co.jp/
TEL／FAX TEL.03-3233-0643 FAX.03-3233-3440

（定価は変更される場合があります）